怪魚ウモッカ格闘記

インドへの道

高野秀行

集英社文庫

怪魚ウモッカ格闘記 インドへの道◉目次

プロローグ

その夏の日——正確には二〇〇五年八月十八日の昼下がり——は、ここ十数年の夏の昼下がりがいつもそうであるように、猛烈な暑さだった。

私は窓を開け放ち、短パン一枚の上半身裸で、拾ってきた扇風機のぬるい風に吹かれながら、文字通り汗水をだらだら垂らしてパソコンに向かい原稿を書いていたが、一段落したところで急に嫌気がさした。

暑いからではない。なんというか、無機的な文字の並ぶ画面を見つめながら机の上でキーボードを打ち続ける作業がどうにもかったるく、小ざかしく思えたのだ。突然、目の前のパソコンをぶっ壊したいという衝動にかられた。

机上に嫌気がさすと机下に逃げるという昔ながらの習性で、私は床にごろんと転がって天井を眺めた。背中の汗が床にべとついた。

——何か探すものはないかな……。

そう思ったのは別にその日が初めてではない。ここ二週間くらいずっと、深まる心身の虚脱感と反比例するように、「探し物をしたい」という根拠のない激しい欲求が腹の底のほうからこみあげて、気持ちをはなれないのだ。

また禁断症状が出ている、と私は思った。典型的な「探し物中毒」の禁断症状だ。

探し物中毒とはなにか。だいたい、どうして、「探し物」をしなければならないのか。簡単にいえば、私は大学時代に探検部に所属していて、人と生まれたからには探検するもの、という誰から見てもまちがった教えを胸に刻んでしまったことが全ての原因である。

探検とは字が示すとおり、探して検《しら》べる行為だ。探すためには徹底的に検べなければいけないので、セットの単語になったと勝手に解釈している。

無論探すものも並大抵のものではいけない。アジア、アフリカ、南米などの辺境へ行き、未知のものを探すのが理想だ。

誰も見たことがないものとか、外部の人間がここ五十年くらい入ってない地域とか、噂《うわさ》はあれど真実がどうなのか誰も知らない物事とか、なんでもいい、誰もやったことがないことがしたい。

それが私のいう「探し物」だ。

そんなものを学生時代からずーっと探してきた。

コンゴの奥地に棲《す》む謎《なぞ》の怪獣「ムベンベ」探しをかわきりに、中国の野人、同じく中国の胎盤餃子《ギョーザ》、南米コロンビアの幻の幻覚剤などを探して二十代を過ごした。三十代に入ってからは、「探し物」の範囲を広げ、深度を上げた。外部の人間としては世界で初めて、麻薬地帯ゴールデントライアングルの核心部にもぐりこんで長期滞在をしたし、幻の西南シルクロードを戦後初めて陸路で踏破したりした。

その他、細かい探し物は枚挙にいとまがない。

結果的に失敗したもののほうがずっと多く、たまに成功しても世間では評価された例《ためし》がない。ほとんど徒労に近い。

ではなぜそんなことをするのか。

探し物のよいところは、目的が「モノ」というところにある。場合によっては、対象が土地だったり民族だったりもするが、具体的に目で見え、手で触れるものであることには変わりない。

とにかく、モノはわかりやすい。頭が少々悪かろうが、体力がなかろうが、運がよければ見つけられるし、見つけちゃえば勝ちである。

やったもん勝ち、行ったもん勝ち、見つけちゃったもん勝ち……、この明快さがいい。

ゲームやスポーツにもちょっと似ている。だが、ゲームやスポーツとちがって、ルールがほとんどないというのが、なおいい。

手段を選ばず、知力・体力・技術・経験を総動員して挑む。ときに反則もありだ。なぜなら現地では相手も反則を次から次へと繰り出してくる。対抗上やむをえない。もうなりふりかまわず目標に向かって邁進《まいしん》する充実感。障壁を一つずつクリアーして目標に近づく快感。日常にはありえない、直球ど真ん中勝負の醍醐味《だいごみ》。

そして、もし大発見をしたら、ドッカーンと人生の逆転満塁ホームランとなる……。

これがもう気持ちよくて、中毒になるのである。

しかるに、ここ三年、私は探し物あるいは探検的活動から遠ざかっている。

本業である物書きの仕事が忙しいという理由もあるが、それだけではない。本気の探し物はきつい。ルールも時間制限もなく、なりふりかまわず闘うという超総合格闘技なので、一度やると、心身ともに疲弊する。歳《とし》をとると、気力も体力も落ちてくるし、命の危険に対する恐怖心も増す。

首尾よく見つかったときはまだしも、空振りに終わったときのダメージがきつい。当分は何もする気力がなくなる。どちらにしても、探し物を終えて帰国し、それを文章に書き終えると、虚脱してしまう。

そうして、しばらく日本の自宅でだらだらしている。すると、次第に「こんなことしていていいのか」という焦りにも似た気持ちに蝕《むしば》まれていく。全盛期をすぎたアスリートが病気や怪我《けが》で休養しているときに近い感覚だと思う。肉体的な筋力ばかりか何か物事に取り組む力という比喩的《ひゆてき》な筋力も落ちていくのを肌身に感じて、それは恐ろしい。

あの全力投球の探し物はもうできないのではないか。このまま平凡なインドアライターで終わってしまうのではないか。いや、平凡なインドアライターだって務まるかどうか。ふつうの仕事なんかあまりやったこともないし……。探し物をしていないときの自分はただのへなちょこだということを思い出し、どんどん自信を失っていく。

やがて、人と会うのが辛《つら》くなり、一人でいるのが不安になり、あー、オレ、もうダメだ……と症状は進行する。禁断症状そのものだ。

そして禁断症状がピークに達すると、亡霊じみた探検熱にとりつかれ、突然意を決して探し物に突入する。脳内物質が出まくり、衰えた筋力のことは忘れて、突っ走る——。これが私の基本的な人生サイクルである。

いちばん最近、全力の探し物をしたのは、三年前（二〇〇二年）の西南シルクロード探査だ。そのときは「家から出るのが怖い」という極度の引きこもりだったのだが、思い切って家を出たら一転、ゲリラ地帯のジャングルを徒歩で踏破するという、水が怖い人間が頭から海に飛び込むような荒業で、なんとか禁断症状をクリアーした。

さて、今また、気持ちも身体も探し物を求めていた。

並大抵ではない、誰もやろうとしない、でも見つけたら凄《すご》いという探し物。そんなものはないのか!?　眠り込んだ私の活動力を呼び起こすような「何か」はないのか!?

いらいらが募ってきた私は発作的に、自分のブログに書きなぐった。題して「突然、魂の叫び」。内容は「なんでもいいから、誰か探し物を教えてほしい」。人から見たら妄言にしか思えないかもしれないが、しかし私にとっては至極真剣なお願いであった。

意外にも、読者からのコメント（書き込み）が続々と寄せられ、「探し物」候補がわんさか登場した。

「牛久沼《うしくぬま》には本当に河童《かっぱ》がいるのか」

「ミャンマー最高峰カカボラジ山の東は外国人には人跡未踏。わけのわからない話がたくさん転がっているにちがいない」

「一九八〇年代に絶滅したチンドウィン川のカワイルカを探してほしい」

「チンドウィン川の龍、イラワジ川の龍を探せ！」

「ニューギニアのアマゾネスはどうでしょうか？」

うーん……。いろいろ来たが、私が何か探すとなると、なぜか未知動物ばかり期待されるようだ。どうして他のものはあまり挙がらないのだろう。コンゴの怪獣や中国の野人を探したのはもう十数年も前の話だ。いつまで高野秀行＝未知動物と思ってるんだろう、と少し腹立たしく思ったりもしたが、考えてみたら、このブログの名称自体が「ムベンベ」だった。無理もないか。

いかん、いかん、そういう怪獣とか龍だとか、わけのわからんものとは早く縁を切らねば、ブログの名称も変更しなきゃと思いつつ、ふとコメントの一つに目が留まった。

ぜひ！
インドの『謎の怪魚　ウモッカ』を探してください！

ウモッカ？　そんな未知動物は聞いたこともない。もっとも私が未知動物業界から遠ざかって久しい。新しいスターが登場してもいっこうに不思議はない。だが新しい未知動物は単にあおりだけで、ネッシーのような古い未知動物（未知動物を新旧で考えるのもなんだが）よりてきとうで薄っぺらい感じがしてしまう。

ここ数年で初めて目撃されたと同時にビデオ撮影されたとかいって話題になっている怪獣もいるようだが、登場のしかたが派手なだけで、いまいち重みというものに欠けている。

「まったく今時の未知動物は……」と苦言の一つも述べたくなる。

ただ、せっかく読者が教えてくれたのだし、サイトのアドレスが載せてあったので、いちおうチェックしてみた。

サイトの名称は「謎の巨大生物ＵＭＡ《ユーマ》」。「ＵＭＡ」とは Unidentified Mysterious Animal（未確認不思議動物）の略である。もっとも、命名したのは日本の未知動物愛好家の人々で、外国では使われていない。私は〝不思議な〟などという形容詞を付すより単刀直入に「未知動物」というほうが客観性があるような気がして好きだが、人によってはＵＭＡを好む人もいる。一般的に、「ＵＭＡ」の呼称を好む人はファン的心理が強い。

サイトのトップに〝「専門家」から「暇つぶし」まで幅広くフォロー!!!〟と記されているように、ネッシー、雪男、シーサーペント（巨大海蛇）から、池田湖のイッシーやヒバゴンまで扱っているらしい。シリアスなコーナーもあれば、おもしろければなんでもいいというコーナーもある。そのなかに「ウモッカ」のコーナーがあった。

サイトの主宰者が文を書いているが、読者からの意見や感想も掲載され、半分はふつうのHP、半分は掲示板というような体裁だ。私はめったにこういう読者参加型のサイトを見ないが、このサイトにはちょっとそそられた。つくりが巧《うま》いということもあるが、それだけではない。ウモッカという魚の奇妙さとともに、ここのサイトの主宰者および参加者の熱意に、趣味や道楽を超えた真剣味を感じるのだ。私は虚脱症状を忘れてサイトを読み込んでいった。

インドの謎の怪魚ウモッカとは何か。

目撃者は「モッカさん」という人（以後、かぎかっこ付きの名前はすべてハンドルネーム、つまりネット上の仮名である）で、一九九七年頃、インドを旅行しているとき、たまたま滞在していた町の浜辺で見かけた。それを思い出して、このサイトに投稿したらしい。

微妙にちがう表現で怪魚の特徴が何度か記され、それに下手《へた》ではないようだが、特にうまいようにも見えないスケッチがついている。ペンで描かれたとおぼしき輪郭に、絵の具か色鉛筆かで淡く着色されている。

総合すると、だいたい以下のような魚である。

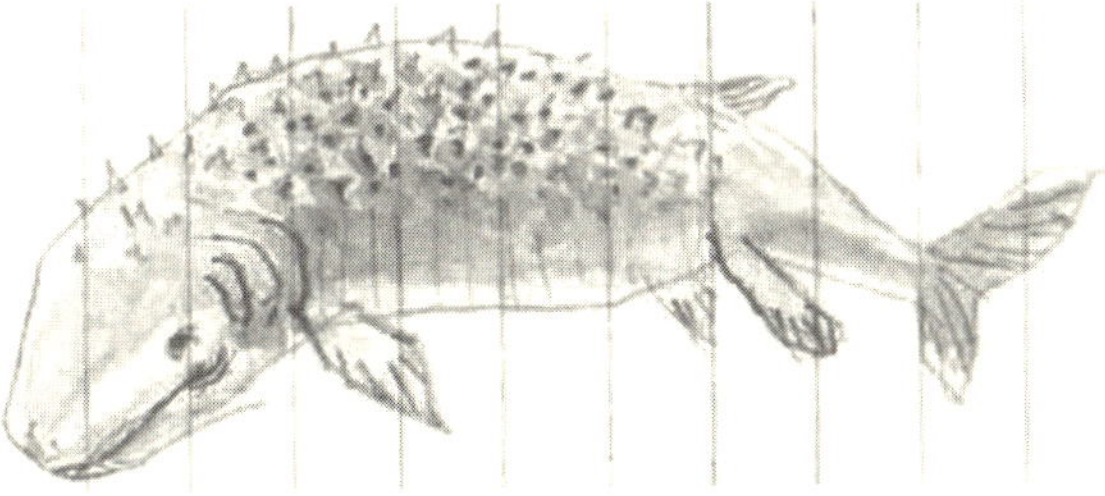

体長は約二メートル、背中にパイナップルのようなトゲが生えており、シーラカンスを思わせる足っぽいヒレが腹部に前後二対ついている。顔（あるいは頭）は平べったくサンショウウオを思わせる。尻尾《しっぽ》はマグロやアジのようなごくふつうの回遊魚の尻尾。全体的に赤茶色をしている。背びれはない。細かい歯がびっしりと生えている。

正直この絵を見て、私は「なんだ、これ？」と拍子抜けしてしまった。背中にトゲが生えているが、私の目にはごくふつうの魚に見えた。体長二メートルというのも特別大きくはない。ナマズ、ピラルク、カジキ、サメなどこれより大きな魚はいくらでもいる。

見た人がたった一人しかいないというのも「?」だし、その人物がカメラを持っていなくて写真が撮れず、絵を描いたというのも「???」というところだ。

大きさや形からすれば、とても「新しいスター」とはいえない。野球にたとえれば、せいぜいドラフト四位で入団くらいか。

ちなみに、「ウモッカ」なる名前もこのサイト上で別の投稿者の発案でつけられた。モッカさんの魚だから、「ウオ（魚）＋モッカ」＝「ウモッカ」。いくら何か名前がないと話がしづらいとはいえ、まことに安直なネーミングだ。

にもかかわらず、私は驚いた。仰天したといってもいい。

何に仰天したのかというと、そのサイトの主宰者及び常連投稿者たちによる、ウモッカについてのやり取りにである。

サイトの主宰者は「大学（臨時）講師」とあり、「生物学研究者」だという。つまり、エリートでありその道の専門家である。そういう人物がこの魚の異様さに気づき、大興奮している。

さらに他の常連さんたちが「これはチョウザメじゃないか?」とか「いや、チョウザメはヒレの形がちがう」「鱗《うろこ》が棘状《とげじよう》となるとヨロイザメかもしれないと思ったがやっぱりちがう……」「やっぱり軟骨魚類じゃなく総鰭類《そうきるい》でしょう」などとどんどん割り込み、私には到底ついていけない専門知識をぶつけあっている。彼らはみな、魚の愛好者だったり、釣りマニアだったりで、中には魚類学専攻ではなくともプロの科学研究者も少なからず混じっているようだ。

これだけでも感銘を受けた。さすがネット時代、怪しげなテレビ番組や胡散臭《うさんくさ》い本・雑誌しか情報源がなかった十数年前とは全然ちがう。自由参加で、ちゃんとした人たちが未知動物についてちゃんと科学的な見地から意見を出し合っている。

しかも、そういう人たちが「ウモッカ」について最終的にお手上げとなり、「こんな生物は今までに存在が確認されたことはない。もしかすると、進化論を書き換えるほどの大発見になるかもしれない」と結論づけているのだ。

とどめには、科学ライターをしているという人が化石魚類の大家という先生にウモッカのスケッチを見せたという報告があった。その大先生はじっとスケッチを見てから、「こんな魚、見たことない。写真はないの?」と食いついてきたという。他にも同じ科学ライターの人が別の魚類の専門家に訊《き》いたところ、「もしかしたら、これ、ビンゴかも」という感想を得ているという。「ビンゴ」とは「ウモッカ実在＝世紀の大発見」ということか。

「おー、こりゃ、すごい！」私はすっかり興奮してしまった。

それだけではない。

私は生物学とくに魚類の専門知識はないが、未知動物の調査研究にはいささかの経験がある。目撃談も直接間接にたくさん聞いている。その経験から見ると、モッカさんの目撃談に相当な説得力を感じるのだ。

いちばん最初の投稿はこんなものだった。

楽しませていただきました!! モッカさんより

はじめまして！　シーサーペントの事を調べているウチにこちらのページにたどり着きました。いやぁ、面白いですねー！　また、使える（？）有意義な情報の数々、とても楽しませていただきました、有り難うございます！

で、自分も何かしら目撃と言える様な事なかったか思い出してみましたところ、一つ。'97頃にインドを旅行していた時、×××××（高野注：伏字になっていた）と言う海辺の街にしばらく滞在していました。

そこの街はずれに漁師さんの村が有るのですが、毎朝その日の漁での成果を見るのが面白く、散歩のコースにしておりました。

ある朝行くと、その日はサメが沢山取れたらしく何匹も浜辺に並んでいて解体中、料理法を聞くとマサラで炒《いた》めて食うのだ、と。

まあ、サメカレーですか。並んでるサメを順に見てゆくウチ、その中に一匹、ミョーな魚が転がしてありました。

全身爬虫類《はちゅうるい》の様に硬そうなウロコにおおわれていて色は濃い茶褐色、シーラカンスの様に足様のヒレが前後4足付いています。大きさは1・5ｍくらい（高野注：のちに「自分の身長（180㎝）より大きかった」と訂正された）、頭は魚と言うよりも、トカゲ？　口中に細かい歯もびっしり並び、頭の上だけウロコが無くツルッと光っていて見事に不細工。

今も目に焼き付いています。

「これは何かスゴイモノを見ているのでは無いだろうか？」

カメラを持ってこなかった事後悔しつつ目が離せないでいましたら、順次サメを解体して来た漁師さん、何のためらいも無くサクサクその生き物も解体してしまいました。

「これはどうするのか？」と聞くと「マサラで……」

やはり食うのですね。UMAカレー……。インドの強い日ざしの下、「アーこうやって他所《よそ》じゃ大騒ぎしそうなモノもサクッと人の胃袋に消えてゆくのかー」と何か感慨深かったです。

後日思い出して描いたスケッチが押し入れの何処《どこ》かに入っているハズですが……。

コレからも胸ときめかすミョーなモノに出会いたいものですね！

長々と失礼いたしました、またお邪魔させてくださいませ。


いやあ、シビレる。

まず、最初に何気なく自分の目撃談を投稿したという点。こういう目撃談にありがちな、「オレ、こんな凄いもの見たんだ！」といった自己顕示欲は皆無、むしろ照れくさそうな調子でさらりと書いている。スケッチや細かい特徴も、あとで主宰者に依頼され、「こんなもんでよければ……」と提出している。

しかし、なにより私を興奮させたのは、モッカさんの目撃談そのものだった。

浜辺を歩いていたら、現地の漁師が水揚げしたその魚を平然と捌《さば》いていた。モッカさんが訊《たず》ねると、「マサラ（カレー）にして食う」と答えたという。

さすがインド、未知動物カレー！

未知動物としてはなんとも稀《まれ》な展開だ。いや、カレーだけじゃない。

一般に未知動物が世間に登場するときには、基本的なパターンが二つある。

まず、昔から伝説として存在が信じられていたもの。コンゴのムベンベや日本の河童、その辺によくある「沼の主」などがその典型だ。

もう一つは、もともと伝説などないが、最近になって地元の人やその地を訪れた人が何度か目撃して有名になったケース。ネス湖のネッシーや池田湖のイッシー、比婆《ひば》山《さん》のヒバゴンなどがそれに相当する。

ウモッカの場合は後者に属するといえなくもないが、なんとも新しいのは、地元の人がそれを見ても平然としているところだ。しかも食ってしまうという。驚いたのは外来者であるモッカさんだけ。

つまり、地元の人たちにとって、ウモッカは驚くに値しない魚（魚じゃないかもしれないが、いちおう魚としておく）と推測できる。しかるに生物学界にとっては未知の魚。

こういうケースは非常に少ない。私が知っているのはシーラカンスのみだ。そしてシーラカンスは見事に発見され、確認された。世界中の人々を驚かす大事件となった。

ならばウモッカも……。

私は体中の血が沸騰してくるのを感じた。

しかもしかもしかも。これだけサイトで話題騒然なのに、誰一人ちゃんと探しに行っていないのだ。

どうして!? と言いたくなったが、すぐに思い至った。

天がこの私に探しに行けと言ってるのだ。

これだ。これこそ、オレが探していた、究極の探し物だ!

現金にも、つい数日前にはぶっ壊したくなったパソコンをさすって感謝した。

さすがネット時代。探し物もネットからやってきた。

だが、これからはパソコンとネットを離れることになるだろう。

探し物が見つかった今、全精力を投入してそれを探しに行かねばならないのだ。


そこで、はたと気づいた。

モッカさんの言っていることはほんとうなのだろうか。それより、モッカさんってどんな人なんだろう。いや、その前にモッカさんという人がほんとうにいるんだろうか……。

そうだ、まず、モッカさんを探さねば。

私はまたパソコンにかじりついた。

第一章　ウモッカへの道

一般道を時速二百キロでぶっ飛ばす人々

探し物の基本その一は、「一次情報にしか価値をおかない」である。なんとしてもモッカさんを探し出し、直接目撃談を聞かなければ何も始まらない。

当然の順序として、ウモッカ目撃談及び大論争が掲載されているサイト「謎の巨大生物UMA」にメールを送った。主宰者ならモッカさんの連絡先を知っているはずだからだ。逆にここでモッカさんの連絡先がわからないと、ウモッカ計画はいきなり頓《とん》挫《ざ》する。

メールの返事がなかなか来ない。

どうしたらいいんだろうと焦りだしたころ、四日目にやっと主宰者の人から返事がきた。

主宰者の人はサイトでは「さくだいおう」と名乗っているので、ここでもそれに従うこととする。あとでわかったことだが、彼はこのとき、愛知県内の私立大学講師

（生物学）を務め、救急医療のアドバイザーとして準公務員という立場にあった（大学講師は翌年辞した）。

「未知動物なんかに手を出してるとバレたら面倒なことになる」と本人は恐れているようだった。世間では「未知動物＝インチキ」、ひいては「インチキなものが好き＝ヤバい人間」と思われがちらしい。少なくとも、さくだいおうさんに限らず、他の未知動物好きもそう警戒している人が多い。

一刻も早くモッカさんの連絡先を聞きたいところだったが、そうはしなかった。まず先にさくだいおうさんに会うことにした。

ウモッカを目撃したのはモッカさんだが、それに価値を見出《みいだ》したのはさくだいおうさんをはじめ、彼が主宰するＵＭＡサイトのメンバーである。何十人という人が議論を戦わせ、化石魚類の大家にまでコメントをとりに行って、はじめてウモッカは「未知動物」としてデビューしたといっても過言ではない。

そのうえサイトの有志たちが集まり、「ウモッカ協力隊」なるものも結成されていた。みんなで出し合ったお金を費用として、誰か代表の人間にウモッカ探しに行ってもらおうというものだ。実現してないらしいが、まだ存続している。ウモッカの命名者がすでにウモッカのかわいいイラストを描き、それが「公式ロゴ」にまでなっている。以前「電車男」というネット発信の恋物語があった。参加者全員が作者だったようだが、それに近い。

だから、いくら私が「これはおもしろい。オレが探しに行ってやる！」と思っても、先行者の許しを得なければいけないと思った。それが探検の仁義というものだ。仁義を通さないでよそ者がずかずか踏み込むとしっぺ返しを食うのは、ネットの世界でもミャンマー奥地の村でも同じことだろう。

それに主宰者であるさくだいおうさんは、このウモッカ・フィーバーのプロデューサー的な立場である。彼がすべての関係者を把握しているはずだし、舞台裏も知っているはずだ。しかも本人が生物学研究者だと称している。

あらゆる意味で、「ウモッカ村の村長」ともいえるさくだいおうさんに先に会い、話を聞くのがベストの選択と判断したわけだ。

八月三十日、名古屋市内で愛知県在住のさくだいおうさんと会った。

さくだいおうさんは私とほぼ同世代の四十歳、顔も体もシャープで、頭の回転が速く、闊達《かったつ》にしゃべる。

私たちの「会談」は午後の二時にスタートし、東京行き深夜バスの最終便が出る十二時までノンストップで十時間も続いた。八割はさくだいおうさんがしゃべっていたのだが、私もつい聞き入ってしまった。話も人物もひじょうに魅力的だったからだ。

さくだいおうさんは元来ひじょうに優秀な人である。天才肌といってもいい。大学で生物学を専攻、卒業後は医療機器メーカー研究員として世界六十ヶ国で活動、主に中東で仕事をしていた。ＪＩＣＡスタッフを兼任していたこともある。

体を壊して退社したあとは、趣味として始めたネットと釣りにのめりこみ、その両方で結果的に目覚しい功績を挙げた。ネットの成果が毎日のアクセス数一万のＵＭＡサイトと「ウモッカの発見」で、釣りのほうは「サツキマスの人工飼育」である。

「サツキマスの人工飼育」というのは魚に無知な私にはいったい何がすごいのかわからなかったが、「サケ科サケ属の魚はそれまで人工飼育ができなかった。私が初めて成功させたんです」と聞いて驚いた。

なぜ、ただの釣り好きがそんなことをやったのか。それはサツキマスが自然個体群としては長良川《ながらがわ》にしか棲息《せいそく》していないからだという。その長良川に河口堰《かこうぜき》が造られることになった。長良川河口堰問題はその是非について喧《かまびす》しかったから私も憶《おぼ》えている。

もし、河口堰が造られると、サツキマスは海に出られなくなる。専門用語で「陸封」といい、例えばサクラマスの陸封されたものがヤマメである。サクラマスとヤマメは大きさからして全然ちがう。

サツキマスが陸封されてしまったら、それはもうサツキマスではなくなる。サツキマスは世界でも最南端に生息するサケ科の魚だということもあり、河口堰建設は欧米からもずいぶん批判されたという。

そこでさくだいおうさんはサツキマスをなんとか絶滅から救わねばと思い立ち、試行錯誤の結果、それに成功した。

へえ、すごいなあと感心しつつも、私は彼の真意がどこにあるのかわからずにいた。たしかにサツキマスの人工飼育は素晴らしい。彼が生物学研究者としても一流である証《あかし》だろう。だが、ウモッカや未知動物の研究と関係が何かあるのか。

率直に訊《き》いてみたら、彼はにっこり笑って言った。

「どっちも不可能だと思われていたことを可能にするってことでしょう」

なるほど、そういうことか。ひじょうに得心がいった。常に人の予想を超えたものを見たがっている私に近いものがある。でも、さくだいおうさんの理想の高さというか、ぶっ飛び方は私の比ではなかった。例えば今、独力で取り組んでいるのは「老齢学」だという。

「人間は百パーセント老化し、死ぬ。それを防ぐのがぼくの夢です。この研究でノーベル賞を獲《と》りたいですね」と微笑《ほほえ》む。

うーん、なんてすごい人なんだろう。

「不老不死研究」については、私の想像力を超えているし、頑張ってほしいとしか言えないので、話をウモッカに戻した。まずはウモッカがいかにして誕生したのか詳しく聞いた。

ウモッカが掲載されたUMAサイトは、一九九八年十二月、さくだいおうさんの単なる「息抜き」としてスタートした。だがUMAが好きなあまりのめりこんでしまい、毎日のアクセス数が一万人を超える大人気サイトとなる。

二〇〇三年三月、このサイトは絶頂期を迎えた。ウモッカ・フィーバーが始まったのだ。

モッカさんより投稿があり、「ん、これは?」と思い、スケッチを送ってもらった。それを見てさくだいおうさんは驚いた。最初の感想は「ヤバい!」というものだったという。どうヤバいのかというと、今までの経験では理解不能だったからだ。

さくだいおうさんは言う。

「医学・生物学・海外体験でさんざん珍しいものを見てきたが、そんなキャリアが吹っ飛ぶようなショックを感じた」

自分でこっそりウモッカ探しをしようかとも思うが、時間の自由がないし、結局サイトにオープンした。すると、口コミで瞬《また》く間に広がり、アクセス数はピークで一日十万件にも達した。科学者やプロの漫画家までが参加し、自分でも驚く大反響となった。

予想外のフィーバーにさくだいおうさんは戸惑った。毎日十万もの人が出入りし、それを管理しなければならないのだ。ある日、突然、人口十万人の都市の首長になってしまったようなもので、戸惑うのも当然だろう。

まず、当初は実名で記されていたウモッカ目撃地の名前を××××と伏字にし、のちには「ウモッカタウン」と呼ぶようにした。

物見遊山の日本人が押しかけて現地の人に迷惑をかけてはまずいという判断、それからテレビ局を筆頭とするマスコミにかっさらわれてしまうという恐れを感じたからだという。首長としての責任感からだろう。

戸惑ったのはさくだいおうさんだけではない。肝心の目撃者モッカさんがネット上に現れなくなった。掲示板にも書き込まなくなり、彼とそれまで個人的にやりとりをしていたさくだいおうさんがメールを出しても返事がかえってこない。モッカさんも事の重大さに驚き、身を引いてしまったらしい。

だが、モッカさんが消えたことも意に介さず、十万人のウモッカ熱はつづく。

同年五月から六月にかけて、混乱をおさえるために、「ウモッカ協力隊」なるグループを立ち上げる。このグループでお金を出し合い、ウモッカ探索をしようとしたのだ。参加費は一人一万円としたが、金銭が絡んだトラブルはもっとまずいという判断で、ついにお金を実際に集めることはしなかった。

さくだいおうさんは次第に危機感をおぼえるようになった。「協力隊」の人数が増えすぎたのだ。メンバー内でトラブルが起きたこともあるし、個人情報を管理しきれなくなった。「やめてほしい」と言っているのに、自分から本名・住所・電話番号などを送ってくる人が続出し、なかには実名を出していないさくだいおうさんの住所をどういう手段を使ってか調べ、自宅を直接訪ねてきた人もいたというから、サイトの混乱ぶりとさくだいおうさんの恐怖は想像するにあまりある。

結局、その年の夏から秋にかけての時期に「協力隊を二百人で締め切る」と宣言。これをきっかけにウモッカ熱は下火になっていったという。

私はその二年後にウモッカに気づき、興奮しているわけで、ずいぶんと流行おくれである。

やっぱり、最初に「ウモッカ村の村長」さくだいおうさんに会ってよかったと思った。

彼が相当ユニークな天才肌だとしても、UMAサイト自体はいたって冷静に運営していること、彼が——在野の人であるとはいえ——豊富な科学知識、研究経験をもった研究者であること、ウモッカに対しては「他のUMAとは別格」という認識をもっていることなどがわかった。

別格とはどういうことか。さくだいおうさんはUMAファンである。UMAファンはどんなUMAも好きだが、それぞれレベルがちがう。例えば、ネッシーや雪男などメジャー級のUMAでも実在する可能性は低い。いずれもファンとして「いてほしい」という願望のレベルだ。

ウモッカはちがう。「いてほしい」なんて思わない。そんなレベルじゃないのだ。こちらの願望などおかまいなく、確かに存在しているような感じがするということである。それが「別格」の意味だ。

そして、いよいよ目撃者のモッカさんを紹介してもらえることとなった。

最後にさくだいおうさんが発した言葉は興味深かった。

「ウモッカはすごいですよ。もし見つかればシーラカンス以上の世界的大ニュースになります。もしかしたら戦争も一時的に止《や》むかもしれない。未知の巨大生物が発見された！　なんて聞いたら、『あ、オレたち、なんで戦争なんかしてるんだろう？』って思うかもしれない。我にかえるっていうか。そういうパワーをぼくはＵＭＡ、特に今回のウモッカに期待しているんです」

私はこれを聞いて思わず胸打たれてしまった。

実をいえば、私はウモッカに出会ってから、何も考えずに突進していたわけではない。

私はあと二ヶ月で三十九歳、来年には四十歳の大台にのる。周囲の人たちからは認められてないが、自分としては大人の分別というものがあるつもりだ。たった一人しか目撃者がおらず、その目撃者もどんな人かわからないという謎《なぞ》の魚なんかに全精力を傾けていいのかとブレーキをかける自分もいる。毎日、興奮と迷いのあいだを揺れ動いていた。

さくだいおうさんの話を聞いたら、その迷いが消えたとは言えないまでもだいぶ薄れた。ブレーキを踏む足が緩んだ。彼に感化されたわけではない。逆にとても敵《かな》わないと思った。それが安心材料になったのだ。一般道で時速二百キロ出して突っ走っている車が他にあれば、自分が百五十キロで突っ走っていても、「まだ全然大丈夫だ。オレはふつうだ」と思えるだろう。それと同じである。

傍《はた》から見れば、どちらもムチャクチャにぶっ飛ばしているのにかわりはないかもしれないが。


目撃者モッカさんに会う前にもう一人、会うべき人がいた。

ウモッカ熱絶頂期に、二回にわたって、ウモッカ協力隊の中で一人だけ実際に現地のウモッカタウンを訪れた「タカさん」なる人物だ。

彼は一回目は出張の帰りを利用して、現地に一泊二日。二回目は休暇をとって、一週間滞在した。時間的に短いので「本格的に探した」とはいえないかもしれないが、十万人のファンの中で唯一人、現地行きを敢行したという実績は尊敬に値する。前にも言ったが、こういう探検的なものは、行った者勝ちだ。どんなに制約された条件下でも、現地をその目で見たのはタカさん一人なのだから、今のところ、モッカさんは別格として、タカさんがいちばんえらい。ぜひ、教えを請わねばならない。

タカさんはたまたま私の自宅から自転車ですぐのところに住んでおり、お願いすると快く承知してくれた。

大柄でごつい体をしたタカさんは四十歳。国際援助関係の仕事に携わっている。

この人もまた一般道二百キロ級の人だった。それは、「ネッシーを生け捕りにするためにネス湖に巨大な網を持っていったことがある」という逸話からもすぐわかるだろう。

だが、話はひじょうに理路整然としていた。彼は限られた時間ながらも、現地をかなり的確に見ていた。漁村の様子、漁のやり方、獲れた魚の流通経路を探ってみたこと、ウモッカを捕獲する方法など、観察したり考察したことをきちんと箇条書きでまとめ、レポートの形にしていた。私に対しても、まるで会議で報告するかのように、レポートを補足しながら説明してくれた。そして、私は痛烈なショックを受けてしまった。

タカさんの話し方がうますぎたからである。現地の情景がありありと目に浮かんでしまったのだ。

一つはインドのイヤな部分が見えてしまったところだ。

海外の辺境を旅するようになって二十年が経つ。最近では行く前からなんとなく現地の様子や自分がどんなふうに旅をするのか見えてしまうようになった。意外性は少なく、ワクワクすることも減った。特に、一度ならず行ったことのあるインドともなれば、容易に絵が浮かぶ。

「魚の写真を撮るだけで、金をくれと子どもにせがまれる」とか「英語のできる奴《やっ》がいたけど、船のモーターがほしいとか、オレは村長の息子だとかいって金をせびった」などという話は、二十年ほど前、さんざんインド人にたかられ、騙《だま》され、しまいには無一文で路頭に迷うはめになったときのことを思い出させた。現地では金持ちである外国人旅行者から金をもらうことなど当然と考えているのだ。

もちろん、それはしかたがないことだし、インドにはよい人も当然たくさんいるのだが、何かやろうというときに「金」の話がつきまとうことは間違いなく、うんざりさせられる。だが、もっとずっと大きな痛打は「ウモッカを探すには有効な手段がない」と彼が言明したことだ。

現地に着いたら漁船に乗り込んで漁師たちと一緒に漁をしようかと私は思っていたが、「船は二十隻もあるんです。一隻に乗ったら他の十九隻は見られませんよ」という一言で粉砕されてしまった。

つまり、漁などをすれば「やった気になる」が、単にそれだけであり、本気で探すのなら、一日中、浜辺でぶらぶらしていて、網が引き揚げられるのを見たほうがよほど効率がいいのだ。だが、ほんとうにこんな方法しかないのか。二十一歳のときコンゴのジャングルで一ヶ月以上も、怪獣が棲《す》むという湖をひたすら見張っていたときの、言葉にならないような徒労感を思い出し心底打ちのめされた。

私の意気消沈は隠しようもなかったが、タカさんはそこに追い討ちをかけるように、先に現場を体験した者ならではの非情さでこうも言った。

「幻の魚を見つけるというのは、三ヶ月なら奇跡、十年でもラッキーですよ。いちばんいいのは、〝果報は寝て待て作戦〟ですよ。現地の人に頼んで、捕獲されたらすぐに知らせてもらう。これくらいしかないんじゃないかと思いますね」

まあ、そうかもしれない。だが、しかし……。

タカさんと別れ、自転車を漕《こ》ぎながらもしばらくブルーな気分に浸っていたが、夜風にあたっているうちに、少しずつ回復してきた。

このジレンマから逃れる方法がないとはかぎらない。何かきっとあるはずだ。まだウモッカ探しに行く前からへばってどうする？

可能性の鍵《かぎ》のありかはわかっていた。

他ならぬモッカさんに直接目撃談を聞くことだ。それが全てであり、具体的な計画も、そこからやっとスタートするのだ。

唯一の目撃者「モッカさん」の正体

今回の探し物「ウモッカ」の鍵を握るどころか、ノブもドアも家もみんな握っているのは言うまでもなくモッカさんである。ウモッカを見た唯一の人物なのだから当然だ。

その人に面会したのは、私がウモッカをネット上で「発見」してから優に一ヶ月はたった九月二十四日土曜日のことである。

モッカさんとは割合簡単にメールでコンタクトがとれたのだが、彼が忙しそうなので、しばらく待っていたのだ。

だから、この日、モッカさんの住む浜松へ向かう新幹線のなかで、私は期待と興奮で胸をときめかしていたかというと、そんなことはなかった。

なんというか、あまり気乗りがしないのだ。その証拠に、車内でもミステリを読みふけり、資料や関係図書にはおざなりにしか目を通さなかった。時計を見ては、「あー、もうすぐ浜松に着いてしまう……」とため息をついていたくらいだ。

実は私はモッカさん本人に会うことを恐れていたのだ。

なにしろ、モッカさんしかその謎の魚を見ていない。にもかかわらず、その本人から、ウモッカ協力隊の誰一人として直接話を聞いていない。UMAサイト主宰者のさくだいおうさんでさえ、ネット上でしか交流がなく、電話で話したこともないという。つまり、じかの目撃談も、その目撃者の人となりも誰も知らないのだ。未知動物情報の核となる一次情報を確かめないまま計画だけ進んでいるわけで、まったく信頼できない命綱一本で、絶壁を登るような心境である。

メールのやりとりではいたって礼儀正しく常識的な印象を受けたが、実際にモッカさんがどういう人格かわからない。すごくエキセントリックだったらヤバい。

人格がまともだったとしても、「今から思えば、あれは現実と夢がごっちゃになってたような気がする」とか、「実はひどい二日酔いだったもんで、勘違いしてたのかも……」とか「いやあ、実はあの頃、ガンジャ（大麻）をよくやってたもんで、えへへ……」みたいなことを言われても不思議はない。

そんなことになれば、世紀のウモッカ探しは一瞬にして終了してしまう。そこで、浜松へ向かう車中だけでなく、数日前からずっと落ち着かない気分でいた。片足で三分の二くらい重心をウモッカにかけているが、いざとなったらパッともう片方の足に重心を移して夢の大崩壊から逃げる準備もしていたのだった。

そんな腰がひけた状態で、浜松駅に降り立った。待合せの改札口前を見渡した。モッカさんは背が百八十センチくらいあると聞いていたので、そういう人を探すと、改札の真ん前でだらしなく壁にもたれて、イヤホーンの音楽にあわせて体を揺らしている三十歳くらいの若者がいた。他には背が高い人が見当たらない。これがモッカさんだったらどうしようと恐れおののきながら、「失礼ですが……」と、モッカさんの実名を出したら、若者は怪訝《けげん》そうな顔で首を振った。

よかった！　モッカさんじゃなくて。私は胸をなでおろした。まるでメールや電話だけで交際してきた女性と初めて会うみたいな心境だ。

じゃあ、しかし、モッカさんはどこにいるのか。教えられた携帯電話の番号にかけてみたら、少し離れたところにいる人が携帯を耳にあてるのが見えた。果たしてそれがモッカさんだった。隣に奥さんらしき女性とベビーカーが見えた。てっきり一人で来ると思っていたので、家族連れのモッカさんを見逃していたのだ。

モッカさんは奥さんと一緒にベビーカーを押しながらこっちにやってきて、大きな体をかがめて丁寧に頭を下げた。その瞬間、これまでの憂いがすっと消えた。

「はじめまして。遠いところからわざわざお越しいただいて、どうも恐縮です」と話すモッカさんはなんとも柔和な表情をした人だった。背が高いだけでなく、体もがっちりしているが、「気は優しくて力持ち」というタイプのように見受けられた。しかも、隣にはいかにも性格が明朗そうな奥さんが生まれて数ヶ月の幼子を抱いてニコニコしている。

「これは……大丈夫だ！」まだ話を一つも聞かないうちに私は直感した。

今までダボハゼのようにどこかに隠れていた期待と興奮が現金にもわさわさと出てきた。

この日、モッカさんに話を聞いたのは私ひとりではなかった。早大探検部の同期で、コンゴ遠征隊副隊長を務めた、かつての盟友・高橋洋祐《ようすけ》も一緒だった。彼がたまたま浜松に住んでいたので声をかけたら「そりゃおもしろい！」と二つ返事で飛んできたのだった。これは図らずも二十年前、二人で駒大探検部の部室に初めてコンゴの怪獣ムベンベの話を聞きに行ったときとまったく同じ状況だった。唯一ちがうのは、高橋が去年結婚したばかりの奥さんを連れてきていたことくらいだ。モッカさんも高橋も、平日は会社に行き、休日は家族で過ごすという正しい大人なのであった。

あとから合流した高橋夫妻を含め総勢六人という大人数になったので、ファミリーレストランの大きなテーブルで話を聞くことにした。

土曜日の午後なので、パステルカラーの店内は家族連れの客でにぎわい、まことに平和な雰囲気である。私たちもちゃんと家族連れのお客だったから見事に周囲に溶け込んでいた。みんな、同年代だし、すぐに打ち解けてしまったこともあり、それぞれ、コーヒー、紅茶、オレンジジュースなどを頼み、和気あいあいと話しはじめた様子はさながら〝久しぶりに集まった同級生の仲間〟だ。私がカセットテープで録音しながらノートをとっていたが、それも同窓会の打ち合わせのように周りの人からは見えたかもしれない。

しかし、もし会話に耳を傾ける人がいたら、呆気《あっけ》にとられただろう。それほど、モッカさんの話は日常を逸脱しており、驚きに満ちていた。私は興奮をおさえながら、「こんなところで歴史が静かに動いているのだ」と勝手にしみじみ思ったものである（実際には彼のことは本名で呼んでいたし、目撃した町の名前も実名だが、ここでは「モッカさん」「ウモッカタウン」にそれぞれ統一しておく）。

モッカさんは私より一つ年下の三十八歳、埼玉県出身はともかく、最終学歴を聞いたところ、「東京芸術大学大学院油絵学科です」と言うのでぶっ飛んでしまった。

絵に関してはプロ中のプロじゃないか！

でも、モッカさんは照れくさそうに、「いやあ、たいしたことないですよ。毎年、何百人という人が芸大を卒業するんですから」という。ま、そりゃそうだけど……。私はこの辺りから、モッカさんはふつうに誠実というより、なんというか、ちょっと俗世離れした朴訥《ぼくとつ》さを醸し出しているのに気づいた。

彼は現在、学校の美術の先生をやっており、しかも子どもの頃から生物全般に興味をもっていて、特に恐竜やクワガタが大好きだった。今でも「作品」の多くは、動植物を題材にしているという。

あのウモッカのスケッチを見て、私の周囲の人たちは「うそっぽい、下手《へた》な絵だなあ」などと笑っていたが、なんと生き物好きのプロの絵描きが描いたものだったのである。

だが、こんなところで驚いている場合ではない。はやる気持ちをおさえ、順を追って目撃談を聞いた。

モッカさんは大学院を卒業したものの、就職口がなかったので、しばらくは「造型屋さん」をしていた。美術仲間が集まってやる「日雇いみたいなもの」で、駅の大理石壁画やモニュメントなどの製作にたずさわるが、景気がわるくなって仕事が来なくなった。

「そこで貯金もあることだし、次の仕事までと思い、アジアの旅に出たんです。旅はもともと好きだったんで」

当初は気軽な気持ちで出た旅だが、ときどき日本にいる仲間に国際電話で訊いても「まだ仕事はない」というので、どんどん時間がすぎ、結果的に二年間に及ぶ長旅になってしまった。インドネシア、タイ、中国、ネパールなどをまわったが、いちばん長く滞在したのはインドである。そして、ウモッカタウンにもかなり長居をしていたという。

「たしか、これに書いてあると思うんですが……」と彼が取り出したのは、くたびれた黒革の小さな手帳。見れば、ゴマ粒どころかケシ粒のような小さい文字がびっしりと書き込まれてある。なにやら、一昔前の刑事ドラマに出てくる、「被害者の残した唯一の手がかり」みたいな手帳だ。これが当時の日記になっており、「ぼくの旅の記録はこれだけですね」とのことだ。

それによれば、ウモッカタウンは二回訪れている。一回目は九五年十二月六日から翌九六年一月二日。二回目は、九六年十二月二十三日から九七年二月三日まで。二回とも滞在がやけに長いのは、「体調を崩してしまい、食べ物がおいしくて、気候のいいウモッカタウンで静養していたから」だという。

さて、肝心のウモッカ目撃の瞬間だが、モッカさんは正確な日付をまったく憶えていなかった。自分も驚き、十万人にウモッカ・フィーバーを巻き起こしたというのに、あとでチェックしたこともないようである。

本人以外には判読不能な黒革の手帳をたどって調べる。

「あ、これ、九六年の一月一日ですね」とモッカさんはメモを見つめたまま言った。

え、ウモッカは元日に見つかったのか!?

「お年玉みたいなもんだったのかなあ」モッカさんはのんびりとした口調で言う。

おいおい、お年玉どころじゃないだろうに！　と突っ込みたくなったが、モッカさんは私たちの驚きにも頓着せず、ケシ粒日記を読み上げた。

「『浜辺に古代魚のようなサメが』……、えーと、これ一行だけですね」

日記には毎日三、四行ほどしか書くスペースがないからこれだけしかないらしい。

しかし、この言葉の短さが、まさに「被害者が最後に残した手がかり」じみていてリアルだ。もっとも私たちはドラマを楽しんでいるわけではないので、ペンを走らせながら、高橋と二人して、当時の詳しい様子を根掘り葉掘り訊《たず》ねた。

「昔のことで、記憶もかなり曖昧《あいまい》になっているんですが……」と前置きしながら語ってくれたのはこんなことだった。

モッカさんはウモッカタウンに滞在していたとき、前述したように体調を崩していたので、大部分の時間を宿の部屋で過ごしていた。ロビーには日本人旅行者が何人もたむろしていたが、彼らはガンジャばかりやっていたので、あまり接触をしなかったという。モッカさんはドラッグどころか酒もあまり飲まない。その日も「まったくの素面《しらふ》だった」という。これで薬物による幻覚説も酒による勘違い説も消えた。

日課は、近くにある浜辺や漁村の散歩。生き物好きのモッカさんには、とくに漁師が浜辺に引き揚げる魚を見るのが楽しみで、毎日欠かさず足を運んだ。

その日、モッカさんが浜辺にいったのは、「朝か昼か今ひとつ自信がないが、たぶん朝の九時か十時ごろだった」という。見たことのない大きな魚が横たわっていた。モッカさんはすでに一ヶ月近く、毎日ここの水揚げを見学しているが、こんな変な魚は初めてだった。

モッカさんはその旅の間、カメラを持っていなかった。ときどきスケッチを描いたりしたが、「ぼくは〝おっくうがり〟なので、描くものを持っているときもあれば、持っていないときもあった。このときは持ってなかったので、宿に帰ってから描きました」という。そこで彼はおもむろにわら半紙のような紙を三枚ばかり取り出した。水牛、トカゲ、コブラ、ナマズ、犬などいろいろな動物や、ヨガをするインド人行者などの絵が色つきで描かれている。行者の姿があるせいか、まるで曼荼羅《まんだら》のようにみえる。

そのうちの一枚、二十もの動物たちに囲まれるようにして、ドン！　と真ん中に描かれているものに見覚えがあった。

ウモッカである。上には鉛筆で大きく「なぞのサカナ!!　2Mくらいだった」と記されている。

「おお！」私は思わず声をあげた。これが十万人を熱狂させたウモッカの原画なのだ。ウモッカの絵は、実はこの曼荼羅のような動物絵巻の一部だったのだ。曼荼羅の中心、大日如来《だいにちにょらい》にあたるのがウモッカである。

しかし、この曼荼羅はいったい何なんだろう？　ちょっと子どもの落書きっぽいし、芸術家が旅の記憶としてスケッチしたという感じからはほど遠い。

「実はこれ、甥《おい》っ子にあてて描いたものだったんですよ」モッカさんはちょっと照れながら言った。甥っ子は二人兄弟で、当時六歳と八歳だったという。絵が描かれた紙を裏返すと、そこにはスケッチの説明がなされている。

例えば牛だと「インドのまちのなかで、いちばん目立つのがこの牛です。かわいい子牛もいればライトバンのようなでっかいウシもいます……」などと書かれている。

ウモッカ・フィーバーの源が甥っ子への絵手紙だったとは驚いた。子ども用に描いていたのか。どうりでちょっと子どもの落書きっぽいわけだ。絵が巧《うま》いかどうかなどと、サイトで議論の対象になった理由もよくわかった。

甥っ子にはときどき旅先から手紙を出していたが、このときは「すごい魚を見ちゃったから、『あ、じゃあ、あの子に知らせよう』と思い、久しぶりに絵手紙を描いた」とのことだ。

ここでも私はまた一つ安心した。プロの芸術家はふつう、ゲンブツそのままの絵なんか描かない。芸大卒と聞いて、「むちゃくちゃデフォルメした絵じゃないか」という別の不安が首をもたげていたが、それも解消された。甥っ子にそんな絵を描くわけはないし、実際に他の動物や魚はみんな、実物にほぼ忠実である。

絵の具は現地で入手した水彩絵の具だという。それにしても甥っ子への絵手紙で未知動物を報告した例など聞いたこともない。モッカさんはなんとも素敵な人だ。

ちなみに、この原画はウモッカのことをサイトに投稿してから、「絵が見たい」というさくだいおうさんの求めに応じて、甥っ子から回収したものだという。彼らも大切にとっておいたのだろう（以前、UMAサイトには「押し入れの何処《どこ》かに入っているハズ」と書いていたが、それは勘違いだったらしい）。

さて、ウモッカについても、ちゃんと甥っ子用の説明書きがあった。

◎なぞのさかな

りょうしのあみにひっかかっていたのだそうです。浜辺でみつけました。2メートルくらいの大きさ（私より大きいのだよ）で、黒っぽく、サメとシーラカンス（ずかんでしらべよう）のあいのこのようなかたちをしていました。そして体じゅうに小さなトゲがあるのです。スゴイ！

「これはもしかしたらしんしゅのさかなかもしれない……いや、いきた化石かもしれないっ!!」と私はひとりでコーフンしましたが、りょうしさんはみるみるどんどん切り刻んでしまって、あとかたもなくなりました……。カレーに入れるのだそうです！　サメカレーか!!」

「スゴイ！」と思わず叫んでしまい、コーフンいっぱいなのは、今や私たちであった。ほとんどひらがなだが、いや、ひらがなだからこそ、なおさらリアリティにみちみちている。わら半紙のような紙に鉛筆書きというのも、古文書じみた感じで最高だ。

だが何よりすごいのは、これがウモッカ目撃の直後に記された、最も詳しい記録だということだ。サイトでもまったく知られてなかった超貴重な記録が残されていたのだ。

さきほどの黒革の手帳の「被害者が残した唯一の手がかり」と並び、この二つが真に重要な第一次資料といえる。

ここで私たちは容疑者を落とせといわんばかりの勢いでモッカさんを攻め立てた。被害者になったり容疑者になったり、モッカさんも大変だ。実はただの目撃者なのに。でも人のいい彼は、ゆっくりと丁寧に記憶をたぐりながら答えてくれた。

以下、ひじょうに重要な話なので、なるべく一問一答風にまとめてみた。

――まず、これを見たとき、真っ先に思ったのは何ですか。

「足みたいなヒレが前と後ろに四つあるというのがまず変わっていると思いました。浜辺にふにゃんと置かれていたんですよ。水にいるときと比べると、かなりつぶされていると思います。だから、水中ではこの絵みたいに太ってないと思う。

それから、体にびっしりと半透明みたいな乳白色のちっちゃなトゲがびっしり生えていた。爪《つめ》みたいな色です。それがとても気持ち悪かった。ウロコはパイナップルみたいでしたね」

――パイナップル？　どういうこと？

「いや、あくまで印象ですよ」

――「ヒレが足みたいだった」とはどういうこと？

「はっきり憶えてないんですが、たぶん、ちょっと立体感があったんだと思う。ヒレはたいがいペラペラッとしたものですよね？　それがヒレの真ん中はむくっとした肉みたいな感じになっていて、途中からペラペラしたヒレみたいなのが出ていたような気がします。博物館で見たハイギョのイメージを思い出しますね。シーラカンスにも似てる」

――シーラカンスのヒレなんてそのとき知っていたんですか？

「うん、ぼくは子どものころ、シーラカンスを粘土で作ったことがあったから、形はなんとなく憶えてました」

――でも、シーラカンスは意外にふつうの魚っぽいでしょ？

「あ、（ウモッカは）ちがう。ぼくは生物学はよく知らないけど、トカゲみたいなのとサメみたいなのが合わさったような感じ。頭とおなかはつるっとしていた。日差しを浴びててらてらと光っていて、触らなかったけど、……だって、気持ちわるいんですよ……、触ったらぬるぬるしていそうな感じ」

——この絵では背びれがないようですが。

「なかったような気がするんですけどねえ……」

——尻尾《しっぽ》のほうにあるヒレみたいなのは？

「あ、これは全然憶えてない。もしかしたら、適当にくっつけたのかもしれない」

——目がかわいいですね。

「あー、これは全然てきとう。正直言って、頭はこんな（絵みたいな）感じじゃなかったかもしれない。尻尾もたぶんてきとうじゃないかな。印象が薄いんですよ。ぼくの癖なんですけど、何か物をみると、その中ですごく印象的な部分だけははっきりしてるんですが、他の部分はほんと、忘れちゃうんです」

――じゃあ、印象的な部分とは？

「やっぱり、ヒレとトゲトゲしたものとエラみたいなものですね」

――エラはサメの鰓孔《えらあな》（スリット状に四、五本入ったエラ）にも見えますが、さくだいおうさんは「首を曲げたときのシワかもしれない」と言ってます。どうでした？

「……そう言われればそうかもしれない。……それ以上はなんとも言えませんね」

――ぼくらがいちばん印象的なのはやっぱりトゲなんですが。

「そうですね。ぼくも『食べるとき、あのトゲどうするんだろう？』って思ったけど、漁師はトゲがついたまま、ザクザクぶつ切りにしてましたね。トゲは触ってないけど、硬そうな感じ。バラのトゲみたいで、刺さりそうだなって思った」

――ウロコはどうなってたんですか？　ふつうの魚のウロコとはちがいました？

「魚のウロコは重なってるでしょ？　でも、この魚のは鎧《よろい》みたい。六角形で少し立体的なんです」

（モッカさんはウロコの絵を描いてくれる。立体的な六角形が並んだ様子は、昔のサ

ッカーボールを思い起こさせる。そして、その六角形の真ん中に鋭いトゲがピンと伸びている)

「背中のごっつさとお腹《なか》のつるんとしたギャップが気持ちわるかったですね」

――細かい歯がびっしり生えていたとサイトに報告してますよね。サメだと口が下についていて歯は見にくいはずです。口を開いているのが見えたんですか？

「あー、どうだったのかな……。開いていたのか、漁師のおじさんが持ち上げたときに見えたのか……」

(歯のイメージ図も描いてもらう。細かいといっても、私が想像した以上に細長い歯のようである)

――漁師は何人もいたんですか？

「漁師はひとりです。解体した肉におばさんたちがわー!っと寄って来て、カゴに分けて入れてました」

――それは市場に出すため？　それとも自分たちで食べるという感じ？

「ふつうにぶつ切りにしてたから、『売る』っていうより、（自分たちで）『食べる』っていう感じでしたね」

――「ぶつ切り」というのはどのくらいのサイズですか？

「手のひらにのる程度、たぶん五センチ立方くらいだったと思います」

――その変な魚に対し、漁師やおばさんたちは平然としてたんですか？

「ええ。この魚に違和感はないという印象を受けました」

――「カレーにして食べる」と聞いたそうですが、言葉は通じたんですか？

「そうですね。漁師も片言英語が話せる人がいたから、きっとこの人にも英語で〝How do you eat?〟とか訊いたんでしょうね。とにかく、『マサラ』（カレー）という返事がかえってきたのを憶えてます」

主なやり取りは以上である。

一通り、話を聞き終わると、

「いやあ、すげえなあ！」と、私より一つ年上ですでに四十歳になっている高橋が首を振りながら真顔で言った。

「ほんとにいるとしか思えん」

高橋の奥さんは中国人女性だが、彼女も「すごいね、こんなのがいるんだね」と納得していた。

この場に居合わせたら、民族や年齢がどうであろうと、彼らとちがう感想を言う人はいないだろう。私もうなずいた。

「ウモッカタウンの写真が少しある」というので、足を伸ばして、モッカさん宅を訪ねた。

モッカさんはカメラを持っていなかったが、途中から旅に合流した奥さん（当時はまだ結婚してなかったから、「彼女」である）がカメラを持ってきており、二回目にウモッカタウンを訪れたとき、写真を撮っていたのだ。二回目は、モッカさんが肝炎にかかっていたため、四十日にも及ぶ長逗留《ながとうりゅう》となっていたが、一回目とほぼ同じ時期（十二月から二月）で毎日浜辺に出ていたにもかかわらず、謎の魚とは二度と遭遇することはなかったという。

写真は特に参考になるものはなかった。

「奥さんがいたときにその魚を見てたらよかったんですけどねえ……」私は思わず本音を漏らした。写真におさえておけば、一発である。論争の起きる余地もない。もっともそうだったら、とっくの昔に誰かが大がかりな調査を行い、今、私が興奮で目を赤くしているなんてこともなかったろう。

しかし、奥さんは私の発言を別の意味にとったようである。

「そうなんですよ。私が一緒に見ていたら、もっとちゃんとしたことが言えたのに……。この人、ほんとに記憶力ないんだから。ねえ？」

「うん、そうだねえ」モッカさんは素直にうなずいた。

どうやら、この家族は、のんびりしたモッカさんを、元気で活発な奥さんが尻を叩《たた》いて進むというシステムになっているらしい。

高橋夫妻と一緒にモッカさん宅を辞した。

「高野さん、是非またうちに遊びに来てくださいよ。一緒にお酒でも飲みましょう」

モッカさんは微笑んでそう言った。

「じゃあ、ウモッカを見つけたら祝賀会をやりましょう」私も笑いながら答えた。

夕暮れのなか、背の高いモッカさんの横で、小柄だが元気な奥さんが娘さんを抱いて、車で遠ざかる私たちにずっと手を振っていた。

私はこの日、高橋宅に泊った。夕飯の間は、もっぱらウモッカの話である。

「すごい説得力があるよな」私は言った。

「うん。彼は見てないものは見てないって言うし、憶えてないことも憶えてないって正直に言うからね」高橋もうなずく。

「モッカさん、誠実そうだしなあ」

「奥さんが『あんた、いい加減なこと言っちゃダメよ。高野さんたちが迷惑するんだから』『はいはい、わかってるよ』なんてやり取りも信憑性《しんぴょうせい》が増すよね」

「やっぱり、見たんだろうな、ほんとに」

「うん、見たんだよ。それで、いるんだよ、実際に！」

まさにコンゴ・ムベンベ隊再び！という勢いだったが、残念ながら、今回彼が一緒に行くわけにはいかない。仕事もあれば家庭もある。

「高野、暮れと正月をはさまない？そうしたら一週間くらいならなんとかなるかもしれない。ね？」高橋は奥さんの方をちらちら見ながら言った。

翌日、高橋と二人で浜松駅近くの浜松市立図書館に行った。図鑑のコーナーに直行する。

といっても、ウモッカを図鑑で探そうというのではない。図鑑に載っていないことを確認しようというのだ。図鑑に載っていたらそれは「未知動物」ではない。

ウモッカを知ってから今まで時間はたっぷりあったものの、図鑑でちゃんと調べたことはなかった。「モッカさんに聞いてからでいいだろう」と思っていたのだが、もっと言えば、下手に図鑑で見つかったりすると恐ろしいので、言い訳をつけては後回しにしていたのだ。さすがに、モッカさんの話を聞いた今、調べないわけにはいかない。

ウモッカの前に「カイボ」を探してみる。

カイボとは、モッカさんがやはりウモッカタウンで見た、謎の小生物のことだ。

「形はエビの頭だけという生き物。四センチくらい。甲殻類だけど、カニとちがうのは縦に長い。どっちつかずの中途半端な形。カニとエビの中間」だという。こちらはしっかり者の奥さんもちゃんと目撃していた。カイボという名前も現地の漁師たちがそう呼んでいたという。

ウモッカとちがい、「子どもがつりの餌《えさ》によく使っていた」とか「砂の中に隠れていてときどき顔を出す」など目撃談も具体的で、モッカさんは「あれは絶対います。

あれも新種の生物だと思う。高野さん、カイボも探してください！」とすごく熱が入っている。

「おー、いいですねえ。巨大魚と極小生物の二大看板か」と私も喜んでいたのだ。

私たち二人は図鑑コーナーの床にぺったりとあぐらをかき、魚や水生生物の図鑑を広げた。このスタイルも二十年前、早稲田大学文学部の図書館で初めて恐竜や古代動物の図鑑を広げていたときと全く同じだ。どうも高橋と一緒にいると時間があの当時に戻っているような気がする。

だが、しかし。情けないことにカイボの正体があっさりわかってしまった。ウモッカの『海辺の生物』というコーナーに載っていたスナホリガニがそれだった。ウモッカの目撃者が「あれ絶対新種ですよ！」と訴えていたのが日本にもいるありふれた浜辺の生物だったとは……。浜松の市立図書館で正体が一瞬でわかってしまうとは……。ウモッカ&カイボの二大看板化を打ち砕かれた以上に、それがガッカリだった。

「あ、もう見つかっちゃった？　アハハハ」高橋の陽気な笑いが静かな館内に弾《はじ》けた。

世の中は甘くないなと思いつつ図鑑を次々とめくる。ウモッカは数多《あまた》の魚愛好者や生物研究者がさんざん調べて「全くわからん」と言っていたから大丈夫だと自分で自分を安心させようとしたが、人を信じにくくなっているので、ヒヤヒヤしながら探す。

さくだいおうさんやモッカさんに会うときも、そして今も、今回はずーっとこの不安がつきまとう。

ウモッカが既知の生物であった場合、あるいは証言がでたらめだった場合、ウモッカ探しはその瞬間に崩壊するのだ。まるで昔流行《はや》った「黒ヒゲ危機一発」というゲームみたいだ。黒ヒゲという海賊が入った樽《たる》を順番に刀で刺していく。刀が黒ヒゲに当たったら黒ヒゲがぴょーん！と飛び出して負けになるというドキドキゲームだ。

「見つかりませんように……」と念じながら、自分が心底見つけたいものを探すという、微妙かつ異常な心理状態で図鑑のページをめくっていく。

幸いなことに、ウモッカらしき生物は見つからなかった。ウモッカの特徴の一部である「トゲの生えたウロコ」を持つ生物さえ全くいなかった。

安堵《あんど》して最後の図鑑を閉じ、ふと気づくと、高橋は『化学物質毒性ハンドブック』なる辞典を真剣に見入っている。「六価クロム」や「カドミウム」といったかつて公害原因の代名詞だった物質の名前も見えた。もちろん、ウモッカには何の関係もない。

私の訝《いぶか》しげな視線に気づいた高橋は、ちょっとシャイな笑いを浮かべて言った。

「いやあ、うちの会社でもときどきこういうものを扱うもんでね」

彼のお父さんが社長を務める会社は、車の塗装やメッキに使う化学薬品を扱う小規模な商社だ。今でも、戦車や戦闘機などの軍事製品にはこういう危険物の使用が認められているのだと、将来の社長である高橋は説明した。

やっぱり二十年前の学生時代とはちがうのだとつくづく思い知らされた場面だった。

「ウモッカは見つかんなかった？」と彼が訊くので、

「見つかるもんはすぐ見つかるし、見つからないもんはなかなか見つからんのよ」と私は答えた。

「そーだなー」と高橋はニコニコしていた。

あー、この男と一緒にウモッカ探しに行けたら……、と私は思った。二十年前は無知無力だったが、一緒にやる仲間が何人もいた。それが最大の力だった。未知動物探査に特有の、疲れ、腹立ち、徒労感といったものも、みんなで分ければ一人分は少なくなる。

だが、高橋に頼るわけにはいかない。彼と一緒に行くのは無理だ。

「誰か、パートナーがほしいなあ……」

そう思いながら、私は彼に別れを告げ、ひとりで東京に帰っていった。

専門家の壁

モッカさんの証言を得て、ウモッカ実在を確信した私は、突如重心を百パーセント、ウモッカにかけ、本格的なリサーチをはじめた。

どれだけ本格的か、具体的にあげれば読者は驚くかもしれない。少なくとも、私の家族や友人たちは驚いた。

まず、水族館を回ったのである。池袋サンシャイン水族館、八景島シーパラダイス、エプソン品川アクアスタジアム……。水族館に勤める研究者に話を聞きにいったのではなく、ちゃんと入場券を買って、水槽を一つずつ見ていった。

私は内陸に生まれ育った人間で、釣りもしないし、特別魚料理が好きというわけでもない。魚のことにはいたって無知である。

魚とはどういうものなんだろうという、あまりに今さらな疑問をもった。魚を見るためには水族館か魚河岸《うおがし》……というのが私の「知識」だったが、いろいろな形の魚を見たいとなれば、やはり水族館が妥当だろう。そう考えたわけだ。

水族館めぐりはドキドキものだった。子ども時代のお化け屋敷以上に怖い。

「もし、ウモッカが水槽に入ってたりしたらどうしよう？」などと思うからだ。魚に無知なので、そういう心配が絶えない。図鑑から本物見物へ移行しても、「黒ヒゲ危機一発」的状況からは逃れられない、というよりどんどん強くなっていく。これが本場インドの浜辺に行ったらどんなことになるのだろう、心臓が止まるのではないかと思ったが、よくよく考えれば、インドでは見つかってもいいので安心なのだった。

幸い、ウモッカらしき魚はどの水族館にもいなかった。

ウモッカらしき魚はいなかったが、普通の魚もしくは海洋生物でもすごく奇妙で変わったものがたくさんいた。

ほんとうに四角い箱みたいでヒレが玩具《おもちゃ》のプロペラそのものというハコフグ、狭い水槽を悠然と泳ぐアオウミガメ、そのカメの下にピタッと頭をつけて一緒に移動しているコバンザメ（こんな狭い水槽で、そこまで楽をしたいのか!?）、水槽のガラスにべったりへばりついているエイ、見た目より微妙に軽いのが不気味なナマコ（手で触らせてくれるところがある）、上下左右に呼吸するように移動するクラゲ……。

みんな、「怪魚」「怪生物」である。

ひるがえって考えてみれば、ウモッカは知識がないとその凄《すご》さがわからない。もし、ウモッカが水族館でゆったり泳いでいても、「あー、こんな魚がいるのかあ」と感心するだけだろう。

要は知っているか知らないかが問題なだけだ。実際、モッカさんの話を信じるなら、現地の漁師はウモッカを見ても平然としていた。それは知っていたからだろう。彼らにとっては「怪魚」でもなんでもない。ただ、研究者を含め、世界中の圧倒的多数が無知なだけという言い方もできる。学術的に新種や未知の種を「未記載種」、つまり「まだ学界のリストに記載されていない種」と呼ぶことからもそれはわかる。

未知といえば聞こえはいいが、無知と同じか。

未知は無知の集合名詞なのかもしれない。


無知の極みである私といえども、本格的なリサーチと称して水族館ばかり見て歩いていたのではない。魚類の専門家への取材もちゃんと開始していた。いや、開始しようとしていたというのが正確か。

というのは、専門家取材の壁が予想以上に厚かったからだ。まず、きちんとした話をいっこうに聞かせてもらえないのだ。

何人かの魚類研究者に、人の紹介を通してコンタクトをとった。自己紹介からはじまり、ウモッカ探しの事情、それにモッカさんのイラストを添えて、「お話を伺いたいのですが……」というメールを出す。礼儀にかなった常識的な依頼であるはずだが、どれもこれもいっこうに返事がかえってこない（コンタクトがとれないので、その間、水族館めぐりをやっていたという感もある）。

そこで、電話を調べて、番号がわかる人には直接連絡をとった。それがまた、はかばかしくない。例えば、某国立大学の研究者（大学院生）であるAさんの場合はこんな感じだった。

「あのスケッチを見て、いろいろ調べたんですが、何の魚かまったく見当がつかないんです」と言う。

思わず喜びかけたが、ちと早かった。

「正直言って、私の専門は生態学で、しかも川の魚をやってるもんで、よくわからんのです」とその人が付け加えたからだ。

では、分類学を専門とし、海魚をよく知る人に訊けばいいのかというと、そうでもない。「魚の場合、現地の魚は現地の研究者が研究するのがふつうです。だから、インドの魚はインドの研究者に訊かないといけないですから」とのことである。

私は首をひねった。インドの研究者にはもちろん、あとで訊こうと思っている。しかし、ウモッカはそんな微細なレベルでの珍しさではない。サメとシーラカンスの特徴を併せもち、全身にバラのようなトゲが生え、だいたい、ほんとうに魚なのかどうかもよくわからなくて、もしかしたら、爬虫類《はちゅうるい》と魚類の中間とか両生類と魚類の中間とか、水中に適応した巨大トカゲかもしれず、とにかく超ド級の存在なのだ。

魚の研究者なら専攻が何であろうが、「こんなの、知らん。わからん」と思うはずだ。専門家にそう言ってもらえるだけでもありがたいのだ。いや、是非そう言ってもらいたい。そこで初めてウモッカが「未知動物」となる。しかし、Aさんはあっさりこう言った。

「それを言ってくれる人はいないでしょうね……。珍しい魚を見たという問合わせはよく来るんですよ。でも、ウロコの一つでもないと、コメントのしようがない。写真があっても判断するのは難しいんですから」

え、写真でも難しい？　そんなハードルが高いのか？

私は暗澹《あんたん》たる気持ちになった。思った以上に専門家の壁は厚い。未知動物ファンが一般道二百キロ走行だとしたら、こちらは高速道八十キロ走行厳守といったところで、ギャップの大きさに戸惑うばかりである。

Aさんは丁寧かつ親切な人で、「水中カメラマンをあたってみてはどうか」とアドバイスしてくれた。研究者よりも広く魚や水棲動物を知っている人もいるし、専門家でない分、気楽に話をしてくれるのではないかということだったが、実際にそっちを当たってみたら、反応はAさんや他の研究者の人たちと全く同じものだった。

私は困惑しながら、あらためて今回のウモッカ探しが、ムベンベや野人のときとは正反対であることを痛感した。

ムベンベや野人にかぎったことではないが、一般的な未知動物は、「名前は知られているが、姿形は曖昧」である。だから、もともと専門家に話をもっていきようがないし、その必要もない。ムベンベのときは恐竜の専門家に話を聞きに行ったが、それはムベンベが恐竜だと仮定してのことで、しかも質問したのは「まだ恐竜が生き残っている可能性はありますか?」というものだった。ムベンベについて直接訊いたわけではない。

とにかく現地へ行って「ムベンベを見た人はいますか?」と訊いて回り、証言なり、目撃地点なりを確認し、写真や物的証拠をつかんだらそのあとで専門家に相談、となる。

ところが、ウモッカは真逆だ。「名前は知られてないが、姿形ははっきりしている」。もしかしたらちゃんと名前があるかもしれないが、どうやら現地の漁師はふつうの魚だと思っているらしい。

ウモッカが未知動物として新参者ということもある。ムベンベや野人とちがい、誰もそれが何物か候補をあげて検証した人はいない。一人前の未知動物として認定されていないともいえる。

すると、まず私がしなければいけないのは、「ウモッカは果たしてほんとうに未知の動物なのか」確かめることだ。

もしかしたら、それに似た既知の魚がいるかもしれない。シーラカンスのように、かつては存在したが今はもう絶滅してしまったとされている化石魚類かもしれない。あるいは、まったく誰も知らない生き物かもしれない。その辺をちゃんと調べる必要がある。そのためには専門家に話を聞かなければならない。

専門家に「あー、それなら××ザメの一種だよ」などと言われたら、ウモッカは「未知動物」なんかではなかったということになり、終わりだ。

もし「そんな魚はいるわけがない」「存在していたら大発見だ」となれば、ウモッカは晴れて〝一人前の未知動物〟の仲間入りができ、私もそこで初めて喜び勇んで現地に行けるわけである。

未知動物自体が異端もいいとこなのに、ウモッカはその中でも例外ということで、異端や例外が何にも増して好きな私としては、困惑しつつもちょっと腹のなかがくすぐったくなるような面白味もある。

さて、この膠着《こうちやく》状態をいかにして打破するか。

私は二つ失敗に気づいた。一つはスケッチを事前に見せたこと。あれを見せると、みんな、困惑して会ってくれない。会ってから見せたほうがいい。

もう一つは、話の持って行き方である。

「謎の魚」なんていうからいけないのだ。向こうは私の聞きたい話自体が謎なのだから、腰が引けて当然である。あまりに漠然としすぎている。ネットの検索だってそうだろう。「魚」では無限に近い数がヒットしてしまい、検索の用をなさない。専門家だって同じだ。もっとキーワードを絞り込まねば。

私は「サメ」で攻めることにした。ウモッカが何の魚か、そもそも魚かどうかもわからないが、既知の生物のなかではどうもサメにいちばん似ているようだ。モッカさんも、「サメのような古代魚」とか「サメとシーラカンスのあいのこみたいな」など、サメと何かをかけあわせたものというふうに認識している。サメの専門家をあたろう。

サメに関する本や魚類に関する本の中でサメについて書かれている部分をいくつか読み、私は元東京大学教授で現日本大学生物資源科学部教授の谷内透先生と、谷内先生の後輩で現東京大学海洋研究所教授の大竹二雄《つぐお》先生にコンタクトをとった結果、両先生からお話を伺うことができた。

ついに専門家捕獲作戦に成功だ！

まず、日大の谷内先生。世界のサメ研究の権威で、しかも分類学だ。

いそいそと出かけていくが、いざ先生に会うと、いつもの――もう持病ともいえる――「黒ヒゲ危機一発」的恐怖に襲われた。

「あー、それは××ザメでしょう」などと言われたらどうしようと思ったのだ。

あろうことか、その予感はものの見事に的中した。

開口一番、「あー、それはキクザメじゃないの？」と言われてしまったのだ。

先生は英語の図鑑を取り出して見せてくれた。

なるほど、たしかに似ている。私は息が止まりそうになりながら、その記述を見た。

・体長三メートルくらい。
・トゲつきのウロコがある。トゲの大きさは二センチほど。
・歯は細かい。
・背びれがかなり後方についており、あたかも背びれがないようにも見える。
・インド洋にも棲息している。

・体はかなり平べったい。

おいおい、これ、ウモッカじゃん！　この特徴はすべてウモッカと合致する！

全身を冷たい汗がつたったが、ここで踏ん張らねばと思い、心を落ち着けて、細かくチェックする。と、明らかに異なった点がいくつもあった。

まず、ウモッカ最大の特徴であるトゲとヒレが異なる。

キクザメのトゲは大きさや形こそウモッカに似ているが、ウモッカのように「一つのウロコに一つのトゲ」でなく、一つのウロコに二〜十のトゲがくっついている。びっしりとは生えておらず、不規則にトゲがある。それが菊の模様をあしらったように見えるからキクザメという和名がついているとのことだ（ちなみに、縮緬《ちりめん》とはこのサメの皮の模様や質感に由来するとか）。

さらにキクザメのトゲは背中だけでなく、腹、頭、ヒレ……と全身に生えている。背中のみにびっしり生えているウモッカとは明らかに別物だ。

それから、腹ビレ。モッカさんによれば、「シーラカンスのように肉がもりあがっていて、まるで足のようだった」というが、キクザメの腹ビレはごく普通のサメのそれだ。三角形で平べったい。これを見て「足みたい」とは思わないだろう。

あー、よかった！　私は思わず安堵の吐息をついた。そして、せっかく調べていただいたのに、勢い込んで「これこれの点がちがうと思います」とストレートに申し上げてしまった。せっかく好意で教えているのになんでこんな議論に巻き込まれるのだろうと先生は思われたにちがいない。

「今時、写真もなく、こんないい加減な絵だけで新しい魚が見つかるわけないでしょう」

と呆《あき》れたように言われた。

「だいたい、こんな情報や交通が発達した時代に、誰にも見つからないで、浜で漁師が捕まえている未知の魚なんてそうそういるもんじゃないよ」

鋭いというより常識的な指摘だ。誰だってそう思う。

「で、君は、いったい何がしたいの？」と最後に訊いてこられた。

何がしたいって、ウモッカを捕まえたいんです……。でも、ダイレクトにそう言うと怒られそうだったので、筋道を立てて説明しようとした。

「いえ、サメとシーラカンスのあいのこみたいだというので気になって……」と説明しかけたら、ますます先生を呆れさせてしまった。

「あのね、軟骨魚類（サメ・エイの仲間）と硬骨魚類（その他の一般の魚。シーラカンスもこちらに属す）は全然ちがうんですよ。その両方が合わさった魚なんているわけないでしょ。いたら、大変なことですよ」

「はあ……」と私は首を縮めた。先生は四十年以上、魚とくにサメと格闘してきた強者《つわもの》である。私がやっていることは、メジャーリーガーのイチローに「もっと打率を上げる画期的な方法がありますよ」と話しかけているのに等しい。そりゃ呆れるに決まっている。非常識というか失礼きわまりない。

しかしさすがは大学者の谷内先生、無知な生徒を叱《しか》るだけではない。たいへんに親切で、図鑑をコピーしてくれたり、他にも資料をいろいろと教えてくれた。インドの魚類研究がどうなっているのかわからない、サメどころか、魚類を研究するインド人学者さえ国際学会で会ったことがないといった貴重な情報もくれた。ありがたい。

でも何よりありがたかったのは、叱ってくれたことだ。

「そんな魚がいるわけない。いたら大変なことだ！」――そう、私はこのコメントを求めていたのだ。これさえあれば黒ヒゲ恐怖症から解放される。ウモッカが未知の生物であることを先生が保証してくれたともいえる。

専門家はほんとうにありがたい。

もう一人の専門家、東大の大竹先生にも貴重な話を聞けた。

やはりサメから入ったのだが、大竹先生は現在は別の研究にシフトしており、また、谷内先生のほうが権威だというから、もっと魚全般のことを訊ねた。

まず、興味深いのは海洋生物学における「大発見」についてだ。

第二次大戦後の海洋生物学における大発見は文句なしに「シーラカンスの発見」だとどの本にも書いてある。では、最近の海洋生物学における大発見とは？ と訊くと、「なんといっても一九九七年のインドネシアでのシーラカンス発見でしょう」という返事だった。つまり、戦後の海洋生物学の大発見は昔も今もシーラカンス、もっぱらシーラカンスなのだ。シーラカンスとの関連性が疑われるウモッカを探している私には心強い話だ。

ちなみに、他の発見としては「一九七六年のメガマウス発見」があるという。メガマウスとは巨大な体軀《たいく》に巨大な口をもった異形《いぎょう》のサメである。もう三十例以上発見されているので幻でもなんでもないが、最初に発見されたときにはセンセーションを巻き起こしたらしい。

これまたサメで、ウモッカ関連だから嬉《うれ》しい。

だが、驚いたのは先生が次にあげたものだ。

「東大海洋研究所によるウナギの産卵所の発見」

「え、ウナギ？」と思わず口走ってしまった。日頃よくは食わないけど、ときおり食うあのウナギ？

先生によれば、これは一九七三年から始めたプロジェクトだという。驚くべきことに、これまでウナギの生活史はまったくわかっていなかった。海に出て産卵することはわかっていたが、どこで産卵し、どういう経路で川に戻ってくるのか、全く不明だった。

最初は「黒潮に乗ってくるだろうから」と大ざっぱに推測し、台湾の南からはじめた。まずとった調査方法は「やみくもに網を引きまくるだけ」だったという。網を引いて、少しでも若いウナギが見つかればそちらの方向に移動して、また網を引くという、体当たり的手法だ。一九九一年、ウナギの稚魚が少しずつ網にかかるようになり、海流の流れから推測。二〇〇五年（つまりこの年）、マリアナ海溝近くの海底火山（深さ四千メートルの地点から水面近くまでそびえるもの）の水深三百メートル付近とほぼ特定されたのだそうだ。

「最初は海に出てやみくもに網を引きまくる」というのにとにかく驚いた。そんな原始的な手法を使っているのか。途中から「魚の耳の中にある耳石《じせき》を分析し日齢（生まれてからの日数）を調べる」云々《うんぬん》というハイテクな技術を併用したらしいが、網をひきまくるのは変わらない。

先生は笑って言う。

「いまだに海はわからないことが多い。探検・発見の世界が残っているんですよ」

素晴らしい一言だ。私は先生の笑顔を拝みたくなった。

ここで大竹先生にも「新種発見の価値」について訊いた。

もし、ウモッカが見つかった場合、その価値はどのくらいのものになるのか知りたかったのだ。怒られそうなバカな質問だが、先生は根気強く答えてくれた。

「それは進化上のどういう位置かによります」

例えば、ネコの新種を発見してもそれは価値があるとはかぎらない。しかしイリオモテヤマネコは大発見だった。なぜなら、古い形態を残したネコとわかったからだ。

こういう発見は学問的に価値が高い。

そう言えば、シーラカンスも「生きている化石」だから大発見だった。つまり、新種（未記載種）だといっても、みんな価値がちがうのだ。学問的、もっと言えば進化論的に新しい発見が付随するとそれはたいしたことになる。

もしウモッカがただのサメの新種だったとしても、古いサメの形態が残っていれば大発見になるという。

そこまで聞いたら、わかった。

モッカさんの目撃したとおり、ウモッカがほんとうにシーラカンスとサメの特徴を備えていたら、ものすごく価値が上がる。なぜなら、シーラカンスが属する硬骨魚類とサメが属する軟骨魚類は、四億年前という気が遠くなるような大昔に袂《たもと》を分かっている。まだ爬虫類どころか、両生類も出現してないころだ。だから、この二つの特徴を備えた魚が見つかったら、学問的には恐竜が生き残っているよりもっと凄いということになる。

「ひえー！」私はたまげた。恐竜の生き残りより凄いのか。そりゃ、谷内先生が呆れるわけだ。常識的にありえない。

大竹先生が寛容な（根気強い）のをいいことに私はさらにいろいろ訊いた。

ウモッカは背中にトゲがびっしりと生えているという。しかも、一つのウロコに一つのトゲという異色の姿だ。こういう「変な形」には何か価値があるのか？

こんな質問にはさすがに答えられないかと思ったら、そんなことはなかった。

「形態的に今までないというのは重要ですよ。進化の別の道筋が考えられる。つまり進化論的な意味が必ずある」

要するに、変な形というだけで進化論に影響を与えるのだ。

おお、ウモッカはどんどん価値が上がっていくぞ。

先生は、その他にウモッカの証拠収集の仕方を教えてくれた。

・歯、ウロコ、皮膚の一部→形態がわかる。
・皮膚の一部、肉→DNA鑑定に有効。
・冷凍するとDNAが損傷する場合がある→肝臓の一部をエチルアルコールで保存するとよい。

これはひじょうに重要である。

最後に、ウモッカのスケッチについて「あくまで個人的な印象」を訊ねた。

すると先生は絵をまじまじと見つめ、こう言った。

「魚類というより爬虫類という感じがしますね。サメにはこういう足状のヒレやウロコのものはないしね。ワニの見間違いというのはどうですかね？　背にウロコ、腹がつるんとしているのもワニっぽい。足がぶらんと垂れ下がると、このようなヒレに見えますしね……」

ワニ説はいくらなんでも……という気はしたが、やっぱり先生にも魚に見えないというのがたいへん面白かった。

ひじょうに収穫のある「取材」で、この時点で、専門家に聞くことは全部聞いたような思いがした。

両先生への取材の結果。それは「ウモッカが未知の生物であり、もし発見されたらとんでもない事件になる」ということであった。

ウモッカ探しはまたステップを一つ上った。

入谷のインド哲学商人とオリヤー語学習

今回のウモッカ探しに私が燃えている理由の一つは、「これまでの未知動物探しのリベンジをしたい」というものだった。

未知動物探しといってもコンゴのムベンベと中国の野人しかやってないが、ムベンベは都合三回も行ったのだから、通算四回と数えてもいいだろう。

当時はまだ経験も浅かったから、現地へ行ってから右往左往した。それから十数年が経過し、相変わらずへなちょこながらも場数はいちおう踏んでいる。よくも悪くも、現地は行く前からある程度どんなところか見えるし、どんなことが起こりそうか予想もかなりできる。今回は自分の辺境体験二十年を傾けて、過去の失敗の数々を吹っ飛ばそうと思ったのだ。

まず、やるべきことは「現地語学習」である。

これはムベンベのとき絶大な効果を知ったため、以後、まさにバカの一つ覚えとして、どこかへ探し物に行くときは必ず行ってきた。別に「マスター」するわけではない。そんな能力はとてもない。あくまで最低限、つまり「その言語だけでなんとか生活ができる程度」の会話力が目処《めど》である。

「本気でやるなら通訳を雇えばいい。そのほうが確実に情報収集もできるし、ウモッカ捕獲も速やかに進むはず」と言う人もいるだろう。

私も現地では通訳を使うつもりではいる。でも、通訳を二十四時間拘束するわけにもいかない。

それに、通訳は諸刃《もろは》の剣《つるぎ》だ。通訳というのは、長く使われればそれだけ日銭が稼げる。だから、何かを探す場合、自分のところにたくさん情報が集まるように操作することがあるのだ。彼の周辺で「ウモッカらしき魚がいる」という情報が集まれば、私たちは彼の村や町、あるいはもっと狭く、彼の親族や仲間のところに張り付くことになる。そうすれば、彼はどんどん儲《もう》かる。

また、通訳やガイドというのは、けっこう現地では「異端」であることが多い。村や共同体で異端だからこそ、外国人と付き合うという人間が少なくないのだ（私も日本ではそういう役割を担っているような気もする）。

そんな場合、通訳は他の現地人から快く思われてないので、情報が得られない可能性もある。

観光ガイドやビジネスの通訳でなく、辺境の通訳の場合、さまざまな問題が出てくるのだ。だから、もしちゃんとした通訳が見つからないときにでも、自力でウモッカを探せるようにしておかねばならない。それに、ウモッカを求めて転々と移動するようになれば、いちいち通訳なんか探していられない。英語のわかる人が一人もいない村だって当然あるだろう。

そんなわけで現地語学習は絶対に欠かせないのだ。

私がウモッカ探しのために現地語学習に動き出したのはひじょうに早かった。サイトでウモッカと出会ってからたったの十日目、さくだいおうさんに話を聞いた翌日だ。モッカさんに話を聞くより三週間も前のことで、どうして現地語だけそんなに動きが素早いのかというと、私が現地語マニアなだけでなく、言語は学習するのに時間がかかるからだ。

モッカさんに会う前から、サイトの情報によりウモッカが目撃されたのは一月だとわかっていた。そして、UMAサイトの主宰者さくだいおうさんは、ウモッカがどんな魚か、あるいは魚かどうかもわからないがと断ったうえで、「魚は季節によって動きがちがうものが多いから、ウモッカもモッカさんが目撃したのと同じ時期に行ったほうが見られる確率は高いでしょう」と言った。シーラカンスも、発見されるのはたいてい日本の冬にあたる時期だという。

となれば、行くとすれば、今度の冬である。すでに九月にさしかかっていたから、出発までに四ヶ月あるかないかだ。四ヶ月というのは私の能力では「最低限」のレベルにギリギリ達するかどうかという時間なので、一刻も早く始めなければならない。やめるのはいつでもできるが、遅れを取り戻すことができないのが言語学習だ。

そこまで読んで、かなりフライング気味に手をつけたのだ。これが私が誇る「探し物人生二十年の経験」というやつだ。

さて、現地語だが、いったい何語なのか。インドには公用語だけでも二十種類以上あり、トータルでは三千にも及ぶ言語があるという。

現地語が何か調べるには、ウモッカの目撃地がどこか知らなければならないが、実は私はさくだいおうさんに会う前、すでにだいたいわかっていた。

ＵＭＡサイトでは前に言ったようにウモッカ目撃場所を伏字にするか、「ウモッカタウン」なる名称で呼んでいた。だから一般の人にはインドのどこかわからないのだが、「ベンガル湾に面していて、最寄りの大都市がカルカッタであり、そこからバスか列車で八〜十時間、日本人旅行者がふつうに訪れるところ」という手がかりがあった。地図で見たらそれはオリッサ州しかない。さくだいおうさんに確認したらやはりそのとおりだった。

あとは、オリッサ州出身の在日インド人を見つけるだけである。

そんなのは簡単だ。例えば、何人《なにじん》でもいいが外国人の友だちに「インド人の知り合い、いない？」と訊く。きっと誰かしら見つかる。そしたらそのインド人に「オリッサ出身の人を探してるんですが」と訊く。インド人には彼らのネットワークがあるから、知り合いの知り合いあたりで三日とかからずに見つかるはずだ。

しかし今はネットという便利なものがある。試しに「オリッサ州在日インド人」と入れて検索したら、一発で出た。すごい。十秒もかかってない。

検索されたのはたった一人、大阪でインドレストランを営むクンナさんという人。レストランのサイトを見る。レストランの名前は「サンタナ」という。彼の故郷に同じ名前のホテルもあるという。

「あー、これか！」と思った。

さくだいおうさんから「モッカさんやタカさんがウモッカタウンで泊った宿はオーナーが日本語が話せて、オーナーのお兄さんが大阪で店をやってるらしいですよ」と聞いていたからだった。

サイトに電話番号が出ていたから電話してみた。日本語が達者で明るく饒舌《じようぜつ》なインド人という感じで、けっこう面白い話をしてくれる。

・漁民は「ノリヤ」と呼ばれ、隣のアンドラ・プラデシュ州からやってきている。言語はドラヴィダ系のテルグ語。
・彼らは政府の土地を勝手に占拠して、家を建てて住んでいる。
・ウモッカタウン付近は海の生物が豊かで、クジラやイルカも見られる。フグも獲れるが、漁師たちは食べ方を知らないので捨てている。
・アジア最大の淡水湖もある（これは「汽水湖」の間違い）。
・海ホタルも見られる。

クンナさんは当然のことながらウモッカなんて知らなかったが、ウモッカタウンと日本との交流をひじょうに望んでおり、私がウモッカタウンへ行くのを歓迎してくれた。ただ、彼は大阪である。

「東京で誰かオリッサ出身の人を教えてくれないですか」と頼むと、「インド関係のイベントをよくやっていて顔の広い人がいる」と、〝パンダさん〟なる人物を紹介してくれた。

パンダさんに電話すると、こちらも流暢《りゅうちょう》な日本語で「じゃあ、一度うちの会社にいらっしゃい」というので、さっそく翌日出かけた。

場所は上野の隣の入谷《いりや》だ。上野のパンダならぬ「入谷のパンダさん」なのである。

日本語とヒンディー語が話せるというネパール人従業員が地下鉄の駅まで迎えに来てくれ、会社まで案内してくれた。会社は見た感じ、すごく怪しい。ビルの一階を全部占めているが、日中にもかかわらず大きなシャッターは閉め切られたままで、出入り口はまるで裏口のようなアルミのドアしかない。くもりガラスさえないので、中はどうなっているのか、外部からはまったくわからない。

ドアのところに小さく「アート・インターナショナル」と記されていて、ますます怪しい。

中に入ると、小さな事務所スペースのほかは全面、倉庫になっており、インドの民芸品、雑貨、衣類、アクセサリーなどが所狭しと並んでいる。閉め切っているせいだろう、インドのお香が立ち込め、むんむんしている。ついさっきまで東京のふつうの街にいたのに、今はまるっきりインドにいるようだ。中ではインド人（それとネパール人一名）と日本人のスタッフが七、八人、入り混じって作業をしている。どうやら、ここはインドの商品を日本に輸入する貿易会社らしい。

にこやかに出迎えてくれたパンダさんは見たところ四十代、色白でかっぷくのいい、いかにもエリートという感じの人だった。ウモッカタウンの出身ではないが、そこから車で一時間ほどのところにあるオリッサ州の州都ブバネシュワルという都市の生まれだ。日本に来て二十年近いという。

事情を説明し、「現地の言葉を習いたい」と言うが、私本人、どの言葉を習うか迷ってしまった。「現地」がわかっても、選択肢がなお三つあるというのがさすが多民族国家インドである。

一つはヒンディー語。いちばん広く使われている共通語だ。ヒンディー語なら、使用範囲が広いので、ウモッカが終わったあとも、インド各地で使えて便利だなとちらっと思ったが、「ウモッカが終わったあと」を考えるなど不謹慎だ、そんな打算的なことでどうする！　と強く自分をいましめた。じゃあ、ウモッカを見つけて世界を驚かせるというのは打算じゃないのかと言われると困るのだが、ともかくウモッカ以外の条件は考えないことにする。

すると、ヒンディー語は、果たして現地の漁師が話せるのかという問題が出てきた。彼らはよそからやってきた、いわば「出稼ぎ」のような人々であり教育レベルは高くないだろう。パンダさんに訊いても「ヒンディーはどうかな？」と首をかしげる。そこで、ヒンディー語はやめることにした。

残ったのはオリッサ州の公用語であるオリヤー語と、漁民の言葉テルグ語だ。

この選択がまた難しい。というのは、オリヤー語とテルグ語は似ても似つかない、英語と日本語くらいちがう言葉なのだ。

インドの言語は大きく「北」と「南」に分けられる。ヒンディー語、オリヤー語、ベンガル語（カルカッタ周辺やバングラデシュの公用語）など「北」の言語はサンスクリット語に由来し、インド・ヨーロッパ語族に属する。つまり、英語やロシア語などと同系統ということだ。

中央アジアに住んでいた、いわゆる「アーリア民族」が世界に拡散し、西に行った連中はヨーロッパ人になり、インドに侵入して先住民を抑えてのしあがったのがサンスクリット系インド人になったと言われている。彼らはいまでもカーストの上位に位置している者が多いらしい。

いっぽう、テルグ語やタミル語など「南」の言語はドラヴィダ語族と呼ばれ、北の言語とはまるっきり別の言語だ。こっちのほうが古い先住民の言語で、モヘンジョダロやハラッパで知られる古代インダス文明の文字はまだ完全に解明されていないが、ドラヴィダ系言語だというのが定説だ。

さて、どっちを選ぶか。

漁民は長い人なら三世代前から、短い人でも十年以上前に移住してきているという。

「在日朝鮮人や日本に住む華僑《かきょう》みたいなものですよ。だから、オリヤー語は誰でも話せるはずです」とパンダ社長は言う。それならオリヤー語でもよい。どうせ、漁民以外の地元民はオリヤー語を母語としてるのだから、生活にも便利だ。

いっぽう、テルグ語を選択したら、漁民に対する受けがすごくよくなる可能性が高い。誰でも自分の母語を外国人が話せば喜ぶ。日本人もそうだし、インド人もそうだ。だからこそ私は現地語を習おうとしているということもある。

うーん、迷う。どっちも一長一短だ。

さんざん迷ったあげく、オリヤー語を習うことにした。パンダ社長にはすでにお願いして時間をとってもらっているわけだし、調査対象だって漁師に限らない。市場のおばちゃんや漁業組合、流通の人とも話す必要があり、彼らはオリヤー語を母語とする生粋のオリッサ人である。

なにより、オリヤー語は今、目の前に教えてくれる人がいた。「この人もオリッサの人だから」と途中からパンダさんとの話し合いに同席したジェナさんという人だ。彼もブバネシュワルの出身で、三十一歳。現在ボンベイの国立インド産業開発銀行のマネージャーの地位にあるという。眼鏡の銀フレームが深い褐色の肌によく似合う、育ちのよさそうな青年である。

ジェナさんの奥さんは都内にある日本企業でコンピュータのプログラマーをやっている。彼は長期休暇をとり奥さんの家族として来日したが、できればこのまま仕事を探して日本に留《とど》まりたいという。

今はヒマなので、同郷の知人であるパンダさんの会社で手伝いみたいなことをしている。「パンダさんには哲学を習っている」とか、意味不明なことも言っていたが、興味がなかったので聞き流した。ほんとうに毎日毎日熱心に勉強していると知って驚いたのはもっと後のことである。

こうして早々と先生を見つけた私は毎週二回、入谷に通い、「これさえやっておけばウモッカは見つかる」といわんばかりの勢いで勉強をはじめた。

私にとって、外国へ行く前の現地語学習というのは、精神安定剤みたいなものでもある。言語の学習は最初のうちはやればやるほど上達するので、なにやら計画自体が「ぐいぐい前進している」ような錯覚が得られる。「オレ、頑張ってるな」という自己満足にも安直に浸れる。ウモッカ探しには数々の不安があるので、それを打ち消すためにも安定剤をガンガン飲むような調子で、私は単語や文法、表現を覚えていった。

私の上達が著しいので、パンダさんも驚いていた。始めて一ヶ月もすると、こんなことを言った。

「高野さん、もう日本人でいちばんオリヤー語がうまい人かもしれませんね」

なんでも、日本人でオリッサ州に十年住んでいる人がいるが、私ほどではないという。

最高に気分をよくしていたら、突然ショッキングな事実を突きつけられた。

「漁民だって、今時みんな、ヒンディー語を話すよ」と、ジェナ先生が言うのだ。

「今は映画もテレビもビデオも九十パーセントはヒンディー語。だから誰だって、ある程度はヒンディー語が話せるんだ」

え、今さら……としばし絶句してしまった。最初からわかっていれば、ヒンディー語をやってたのに……。なにしろヒンディー語なら、日本にテキストも辞書も会話帳もなんでもある。便利このうえなく、上達のスピードが段違いだし、現地へ行ってからも十倍も便利だ。わからない単語はみんな辞書で引けるからである。

それだけではない。ヒンディー語ならオリッサ州の人はもちろん、外から来たインド人とも話せる。ここ（パンダさんの会社）で働いている人たちとも会話できる。彼らはインドのいろいろな土地出身なので、会社の共通語はヒンディー語なのだ。

オリッサに十年住んでいる日本人も、要は、日々の生活は英語とヒンディー語で済ませているのだろう。もちろん、そっちはぺらぺらにきまっている。

誰も学習する必要性がなく、私一人なら、そりゃ、どんなに下手だってナンバーワンだ。

ああ、また無駄なことをしてしまった！　これが漁民の言葉（ドラヴィダ系のテルグ語）を敢《あ》えて選んでおけば、相手に気に入られるという長所もあったのだが、中途半端な決断をしてしまったものだ。

今からヒンディーに変更するという手もなくはなかったが、もうここまで進んでしまった。乗りかかった船である。ヒンディーとオリヤーは似ているとはいえ、フランス語とスペイン語の違いより遠い。

しかたなく、オリヤー語学習を続行することにした。

二十年の辺境探し物体験など、全く役に立っていない。私はため息をつきつつ、「予想外のことが起きるからこそ辺境はおもしろいんだ」と自分を慰めた。それにさくだいおうさんが言っていたではないか。

「ウモッカを見て、自分のキャリアがすべて吹っ飛ぶようなショックを感じた」と。

今までの経験なんか役に立たなくていいのだ。ウモッカはそんなものを超えた存在なのだから。

未知動物探求は人類と地球を救う

専門家による「ウモッカの格付け」が一段落し、オリヤー語学習も問題を含みながらも順調に進んでいる。いよいよ次は現地での具体的な調査の方法を考える段階にやってきた。

もちろん最終目的は「捕獲」だが、その前に情報収集がある。

モッカさんの話を信じるかぎり（信じないわけにはいかない。そういう前提なんだから）、地元の漁師たちはウモッカをある程度見慣れている可能性が高い。ならば、まずウモッカの絵を見せて「これ、知ってます？」と訊ねて回るのが常道だろう。誰でもそう思うが、そう簡単にはいかない。

ウモッカタウンで聞き込みを行った唯一の人、タカさんによれば、絵を見た漁師の何人かは、「あー、知ってる、知ってる。これだろ？」と言って、背中から水を吹く巨大生物の絵を描いてくれた。無論それはクジラで、ウモッカとは似ても似つかない。そうなのである。絵を見ればそれが何か判断できると私たちは当たり前に思っているが、そんなことはない。それは私たち日本人や他の先進国の人間が学校教育で習っているからだ。

途上国に生まれ育ち、学校へもあまり行ってない人は、二次元（平面）の絵から三次元（立体）の物体を読み取るという訓練をしていない。牛と鶏を間違えることはないが、鶏とカラスくらいになると「ん？　どっちだ？」となる可能性は高い。ましてや、形の変化が多岐にわたる魚類もしくは魚型水棲動物ならなおさらだ。さらに、モッカさんのスケッチは、書いた本人が「頭や尻尾はいい加減。全体的にも曖昧」と言っている。「これを知っているか」ではなく「これに似たものを知っているか」という問いかけになり、難易度はさらにアップする。

そこで考えた。二次元から三次元を読み取るのが難しければ、三次元をそのまま三次元で見せればいいいんじゃないか。

そうして思いついたのが「模型」だ。今どきの言葉なら「フィギュア」である。モッカさんの目撃談をもとにウモッカの模型を作り、それを地元の人に見せるのはどうだろうか。

ただし、こちらも欠点がある。大きさだ。ウモッカの実物が二メートルくらいで、模型はせいぜい五〜十センチ。その二つが同じものと認識できるかどうか。

どちらが認識しやすいのだろう。二次元で三次元を認識するのと、小さい模型で大きな実物を認識するのは？

「これは認知科学の領域かもしれない」私は思った。

思い出したのは、指名手配容疑者の絵だ。昔、それこそ江戸時代から戦後しばらく（？）まで、手配書に付けられたのは似顔絵だった。それがある時期からモンタージュ写真という技術が導入され、一世を風靡《ふうび》した。

ところが、また最近、モンタージュ写真は影を潜め、先祖伝来の似顔絵に戻っている。曖昧な部分まではっきりと映してしまうモンタージュ写真より、印象深い特徴を強調した似顔絵のほうが人間には認識しやすいからだと本か新聞で読んだ記憶がある。それは認知科学の研究の結果だとも書いてあったような気がする。

私はさっそく認知科学の書籍をいくつか買い込んで読んでみた。だが、これがひじょうに難しい。まず、「認知科学」と一言でいっても、範囲が無闇《むやみ》に広い。コンピュータの認識から、脳の記憶についての研究、幼児教育研究、言語コミュニケーション、論理学、哲学……と、理系文系のあらゆる分野をカバーしている。

目についたのは「アフォーダンス」という考え方で、これは環境そのものが情報であり、従来の、デカルト以来の「外的刺激を受けて心の中で知覚が形成される」という、西欧近代の自我中心主義を覆す試みとして注目されているとか。

読んでいるとなかなか興味深いというか、なかなか難しいというか、よくわからないというか、そう、全然わからないのであった。

ふと我に返ると、ウモッカのことを漁師に訊くのに、デカルトを覆す必要があるのか。たぶん、ないだろう。いつの間にかまた脱線暴走していた。

こんなところで、私はいったい何をしているんだろう。

あ、そうか、模型と絵とどちらが有効かという話だった……。

認識論で私が行き詰まっていたとき、救いの手を差し伸べてくれたのは、科学ライターの本多成正さんだった。大学院で古生物学を専攻、今は数多くの恐竜図鑑や古生物関係の本や記事などを執筆している。科学に通じたライターというより、ライティングもできる科学研究者というほうが近いかもしれない。

この人こそ、ウモッカのスケッチを化石魚類の大家の先生に見せて、「こんな魚、見たことない。写真はないの？」と言わせた人であり、ウモッカ・フィーバー最大の立役者のひとりだ。

この人も、ＵＭＡサイトの主宰者さくだいおうさんに紹介してもらい、会うことができた。背筋がピンと伸び、言葉遣いも丁寧、いつもジャケットやシャツのいちばん上のボタンまできちんと留めた紳士だが、いったん話題がＵＭＡになると周囲の目もはばからず煮えたぎるような熱さで語りだす。ジキル博士とハイド氏じゃないが、冷静な科学研究者とＵＭＡ怪人の両面を持っているのだ。

本多さんの話は下手な哲学書よりはるかに刺激的で、私はたちまち魅せられてしまった。

科学研究者だから、アプローチや考え方はいたって科学的である。

例えば、モッカさんに直接聞いた目撃談を話したら、深くうなずいてこう言った。

「ウモッカのスケッチで、尾の部分が疑問だったんです。スケッチの尾は早く泳ぐ魚のものですが、ウモッカの体は全体的に底性（海の底をうろついている）のものだから、生物学的に不自然なんです。でも、モッカさんが『尾っぽはてきとう』というのだから、すごく納得しました」

こういう思考システムを持っているのに、「ぼくはUMA全肯定です」というから不思議だ。私がUMA怪人と呼ぶ所以《ゆえん》だ。UMAを文字通り愛している。

「UMAには、幽霊でもいいから出てきてほしい」というくらいで、まるで死んだ恋人のようだ。

さくだいおうさん、タカさん、本多さん……と、未知動物界の人々は会う人、会う人、ほんとうに濃い。実に魅力的だ。みんな、一般道二百キロOK！ の人々だ（不思議なことに、私を含めて、この四人はみんな、四十歳前後で、生まれ年でいえば、一九六四年〈昭和三十九年〉から六六年〈昭和四十一年〉の間にすっぽりおさまっている。この世代は、子どものときに怪獣ものが特別流行っていたのだろうか）。

私など、この歳《とし》になってインドに三ヶ月謎の魚を探しにいくというだけで、周囲からは「未知動物原理主義者（怪獣みたいなものは何でも信じている人間）」のように思われているが、本物のUMAファンの中に入ると、「原理主義者」は論外、「懐疑派」を通り越して、むしろ「否定派」に近いのではないかという気すらする。

本多さんがUMAに入れ込む理由は実に興味深い。まず、もともと恐竜が好きだったうえに、古生物学に深入りしすぎたためらしい。よく恐竜の絵というのが図鑑などに載っているが、もちろんあれは復元図である。誰も見たものがいないのだからしかたない。本多さんによれば、その復元図というのはずいぶんといい加減なものだという。

「ほとんど骨の化石しかないから外観はなかなか想像できない。そこで欧米の科学者がヨーロッパに古く伝わる竜《ドラゴン》のイメージをそのまま当てはめてしまった。だから恐竜というのはあんなにおどろおどろしい外観になっているわけです。実際には、世界中で恐竜の羽毛の化石がどんどん発見されていて、今では鳥類みたいな羽毛に覆われていたと考えるほうが合理的なんですけどね」

でも、今でも欧米の学者は納得しようとしないという。それは彼らがクリスチャンだから。聖書に記されていない動物はこの世に存在してはいけない、という考えに縛られている。だから、恐竜はいつまでたってもドラゴンなのである。

「ハリウッド版『ゴジラ』を見れば、わかるでしょ？」と本多さんは熱く語る。

「あんなの、でかいトカゲじゃないですか。彼らは新しい生物を作ることにひじょうに抵抗があるんです。日本人はウルトラ怪獣や『千と千尋の神隠し』みたいに、新しい怪獣や化け物を自由に想像し作ることができるけど、彼らはできない。同じ文脈で、恐竜が新しい発見や研究によって姿を変えていくことにも我慢ができない。宗教上の問題です」

なるほど。たしかにハリウッド映画でウルトラ怪獣のような、純粋に想像力からの賜物《たまもの》は少ない。その代わり、「巨大××の襲撃」みたいなやつがやたら多い。サメでもワニでもハチ、ヘビ、鳥……となんでも巨大化させると前から思っていたが、新しい怪獣を創造できなければ、巨大化させるよりほかに手がないということか。

本多さんは「欧米の学者が間違っている」と考えているが、「それを覆すのはなかなか難しい」とこぼす。

本多さんは研究者兼ライターであると同時に、イラストレーターの仕事もやっている。恐竜をはじめとする古代生物の復元図を描いているそうだ。だから、人一倍、「彼らはほんとうはどんな姿をしていたのか？」という点にものすごい興味があるという。

「もし、UMAが発見され、それが古代の生物の生き残りだったら、その疑問が一気に解決するわけです。例えば、もしネッシーが捕まって、それがプレシオザウルスだったら、プレシオザウルスの姿が一発で判明するんです」

なるほど。同じ未知動物好きにしても、ちょっと思いつきもしない動機があるもんだ。

ちなみに、本多さんは古代生物の姿を知りたいばかりに、「恐山《おそれざん》に行ってイタコに古生物の霊を呼び出してもらいたい、ほんとうの姿をスケッチしたい」などとも言い、この情熱には私もただただ脱帽するばかりだった。

でも、よく考えれば、イタコは死んだ人をポンと目の前に出すわけじゃなく、単に霊が乗り移るだけだ。恐竜の霊が乗り移っても、言葉はしゃべれないし（しゃべれたらそれはそれで事件だが）、ましてやどんな姿をしているかなどはわからないだろう。本多さんは古生物には詳しいが、イタコについての知識はあまりないようだ。

本多さんが未知動物を愛するもう一つの理由は「UMAが発見されれば、人間が自然にもっと興味をもち、自然や環境を大事にするだろう」というものである。

彼によれば、今日本でも大ブームを超えて、趣味の王道になっているガーデニング、あれもUMAに大いに関係があるという。

ダーウィンが進化論を発表する前後、大英帝国の最盛期だが、彼らが世界中に進出していって、新しい生き物をどんどん発見していった。それがイギリス国民に自然科学への興味をかきたてて一大博物学ブームが起きたそうである。

本多さんは力説する。

「ガーデニングもそういう博物学熱の流れから始まりました。当時、新種の動物といえば、サイだってバクだってゾウガメだって、みんな驚異的な新生物で、UMAですよ。だから、今回もしウモッカが見つかって、それがほんとうに未知の魚だったり、絶滅していたと思われた生き物だったら、みんなが『あー、自分たち人間はまだまだ自然のことを知らなかったのだ。まさか、こんな生物がいるなんて。人間の知識なんて大したことはないな』と気づくはずです。そして、経済発展すればなんでもいいという間違った考え方から脱却して、自然環境や生物を大切にし、生き方も少しは改まるんじゃないか。改まらなければ自然を破壊し続けるだけじゃなく、人類も近いうちに滅びますよ。そう思うんです」

こう熱く語る本多さんの言葉に耳を傾けると、ほとんど感動に近いものを覚える。ウモッカ探求は人類と地球の未来を左右する究極的に重要な任務なのである。

人間の死を阻止しようという野望を持つさくだいおうさんといい、本多さんといい、

UMA発見を望む人々は濃いだけでなく哲学が深遠である。あまりに深すぎて俗世間の光が届かないだけである。


本多さんの話は尽きないが、ともかく、話を認識論に戻そう。

「スケッチよりも模型のほうがいいような気がするけど、どうでしょうか？」と訊ねる。本多さんもしばらく「うーん……」と考え込む。その結果、こう言う。

「模型を作るという発想は悪くないですね。手に取れると実感としてわかりやすい。でも、全体像を作るのはどうかな？　大きさがちがうでしょ？　二メートルもある巨大なものを数センチにすると、認識しにくいのでは？」

私と同じ懸念を抱《いだ》いたようだ。さらに、「モッカさんによれば、頭や尾などはかなり曖昧なんでしょう？　とすると、曖昧な部分をはっきり作りこんでしまうのは、かえって正しい認識がしにくくなるような気がしますね」

つまり、モンタージュ写真が似顔絵とちがい、曖昧な細部を下手に描いてしまうために認識されにくいというのと同じだ。

しばらく二人で話し合った挙句、本多さんがいいアイデアを思いついた。

「ウモッカのトゲ付きウロコの部分だけを実物大の模型にしたらどうでしょう？」と

いうのだ。

なるほど！

トゲ付きウロコはモッカさんが最もはっきりと記憶している部分だ。だから、実物との差異がいちばん少ないはずだ。しかも実物大なら、大小の迷いがない。そのものずばりだ。もしかしたら漁師は食い散らかしたウモッカのトゲを、他の魚の骨やウロコと一緒くたにして、家の中や庭先に転がしているかもしれない。そのトゲだけでも発見できたら、ウモッカ実在の強力な証拠となる。

「おー、こりゃ、秘密兵器になりますよ！」私は興奮した。

ただし、これも問題はある。

誰に模型を作ってもらうか。

例えば、フィギュアの製作で有名な海洋堂に特注で作ってもらったら、ものすごく金がかかりそうだ。ふつう、メーカーは同じものを千体、一万体と作る。それでモトをとっているわけだ。一個特注なんていくらかかるんだろう。

それに個人の頼みを受けてくれるかどうかもわからない。そんなことをしてたら、フィギュアマニアの依頼が引きもきらなくなる。

本多さんの知り合いには、海洋堂をはじめ、いろいろなメーカーで仕事をしているフィギュア職人が何人かいる。彼らに直接頼むこともできるが、みなさん、本職が多忙であるうえ、なぜかほとんどの人が地方に住んでいるという。

もう一つの問題は、モッカさんが目撃したトゲ付きウロコをフィギュア職人がどこまで忠実に再現できるかということだ。

モッカさんも職人も地方在住で多忙なら、二人を会わせて綿密な打ち合わせや摺《す》り合わせを行うのは難しい。出来上がったものをモッカさんに見せたとき、「うーん、ぼくが見たのとはちがう」なんてことになる恐れがある。

しかし、それ以上よい方法がないので、モッカさんにできるだけ詳しく話を聞き、あるいはもっと精密なスケッチを描いてもらい、それを職人に見せるという手段に落ち着いた。

そして、この計画は思いがけない展開を生むのだった。

トゲ模型の威力

トゲ模型製作のため、モッカさんに再び詳しい話を聞くことになった。他人が見たものを、また別の人——模型職人——に伝えて作ってもらうというのは、はなはだ心細い方策である。

形や大きさ、色など、すべてがモッカさんの「感触」と「記憶」に頼っているのだ。それをなんとか伝えるには、もっと精密なスケッチのほかに、「トゲの長さは×センチ」「角度××度」などと数値化しなければいけないと思った。無理があるがともかく前進するより他にない。

たまたまモッカさんが友人の結婚式に出るために一家で上京するというので、都内で再会を果たした。

模型作りの意図を説明すると、モッカさんは気軽な調子で驚くことを言った。

「あ、なんなら僕が作りましょうか？」

「え？」

忘れていた。モッカさんは芸大大学院卒の芸術家で、卒業後はプロの「造型屋さん」として仕事をしていたのだ。模型作りなどお手の物らしい。

本人が作るなら、これほど確かなことはない。他人の感触を他人に数値化して伝えるとかいう、厄介極まる問題は一瞬にして解決した。

なんてラッキーなんだろう！　ウモッカ探しの「流れ」はたしかにこちらにあると確信してしまった。

モッカさんに会ったとき、キクザメの絵を見せた。キクザメはモッカさんの証言とはちがっていたが、それでも私はモッカさんに絵を見せたら、「あ、こんな感じだった。これかもしれない」とか言うかもしれないと死ぬほど恐れていたのだ。

じっとモッカさんの顔を見守っていた。

安心したことに、モッカさんは眉《まゆ》一つ動かさなかった。

「ウロコはこんなにアトランダムじゃなく、規則的にびっしり並んでいた」「トゲはもっとウロコの中央部から長く伸びていた」「ヒレはシーラカンスほどじゃないけど、肉の先がヒラヒラしていたような気がする」と相違点をきちんと説明してくれた。

あー、よかった。キクザメ説はこれで完全に消えた。

また、「トゲ付きのウロコは背中にはびっしり生えているが、腹に行くにしたがい、パラパラとばらけていた」というのと、「背中から腹部にいくにしたがい、色が茶色から青っぽくなっていた」というのが、今回初めてわかった。

モッカさんに再び会い、何度も何度も揺らいでいた気持ちがまた少しおさまった。

依頼してから二週間ちょっとして、モッカさんよりトゲ模型が届いた。

特製のプラスチックのケースがかわいい。漁師が大きな魚を手にぶらさげている切り絵が内側に貼《は》られている。

取り出すと、思った以上に大きく鋭くて、驚く。「大きさも形もバラのトゲみたい」とモッカさんは言っていたが、バラよりもずっと大きい。二倍くらいあるのではないか。

トゲ模型のパワーは予想以上だった。手にとって眺めていると、「すごい。こんなトゲのある生き物がいるんだ！」という気持ちになる。あくまで、モッカさんが自分の記憶に基づいて作った模型なのだが、ウモッカ実在の動かぬ証拠のように思える。目に見え、手で触れるとこれほどまでにリアリティが出るのかと感心した。

そう感じたのはけっして私だけではない。

シーラカンス研究の権威で、元日本魚類学会会長、そして長らく国立科学博物館に勤務している上野輝彌《てるや》先生もそう感じているようだった。

上野先生は、あの過激な科学ライターの本多さんに紹介してもらった。本多さんは院生時代に上野先生の研究室に出入りしており、先生をよく知っていたのだ。

たまたま上野先生は私の自宅の近所に住んでいたので、近くの喫茶店で本多さん同席のもとでお話をうかがうことができた。すでに七十五歳という年配だが、表情や話

ウモッカのトゲ模型

直径約25ミリ、長さ約20ミリ

特製のプラスチックケースの中の綿に
トゲが折れぬよう逆さに挿してある。

し方は若々しく、なにより目が好奇心で輝いているような人だった。

実は上野先生はウモッカ・ブームの盛り上げ役の一人だ。いや、先生本人はそんな意識は毛頭ないはずだが、結果的にそうなった。UMAサイトでウモッカが大評判になっていたころ、本多さんが古生物関係の催しで化石魚類の大家を捕まえてウモッカのスケッチを見せ、「こんな魚、見たことない。写真はないの？」というコメントを引き出したのはこの上野先生のことだったのである。

本多さんは飛び上がって喜び、それをサイトで報告したところ、「本物の専門家すら驚く代物なのか」とサイトのウモッカ熱は最高潮、アクセス数が十万にも達したのはすでに述べたとおりである。

私も実はそれをいちばんの拠《よ》り所として、「これは凄い！」とウモッカ探しを決意したわけだ。

本多さんは上野先生のほか、別の二、三の古生物学研究者やライターにあたり、「もしかしたら、これ、ビンゴかも」という感想を引き出しており、それも報告したから、上野先生のコメントだけがすごかったわけではない。でも、やっぱり影響力はダントツである。

ついに、ウモッカ探しの事前準備における最大のキーマンに会うことができた。

今回、私はあらためて上野先生に会って、ウモッカについて聞きたかった。繰り返しになるが私はあくまで一次情報しか信じない。公式に発言した場合は別として「××さんがこう言った」という類《たぐい》の話は証言としてカウントしないのだ。

おりよくトゲ模型も届いたので、同時にそれも見てもらいたかった。

トゲ模型の威力は絶大だった。

先生は興味津々といった趣で、いろいろな角度からトゲを眺めて、飽きる様子がなかった。そして、今までの専門家からは出なかった貴重なコメントを発してくれた。

「こんなトゲをもつ魚はフグ目くらいしかいない。ハコフグとかハリセンボンとか。フグ目の中には一メートルくらいになるものもいるが、他の形態がまったくちがうしね……」

上野先生は化石魚類の大家だが、若いころは現代魚の研究をしており、どちらも詳しい。ひじょうに頼りになる。

上野先生はシーラカンスの専門家だけに、これがシーラカンスの一種であってほしいという淡い期待があるように思えた。話は常にシーラカンスの方向へむかっていた。

例えば、こんなこともおっしゃっていた。

「シーラカンスはコモロ諸島周辺にしかいないと思われていたのに、一九九七年にインドネシアで見つかった。インドのベンガル湾で見つかってもまったく不思議はないからね」

ウモッカとは直接関係がないのだが、これもけっこう重要なコメントだ。インド、バングラ、ミャンマーといった国々が面するベンガル湾は、魚研究が立ち遅れた地域だ。詳しくは後述するが、要するに研究が進んでないから、ウモッカのような超大発見の魚がいる期待があるのだ。今や誰もが知っているシーラカンスが気づかれずに棲んでいる可能性もある。

しかし、ウモッカはもちろんシーラカンスとは別物だ。

「シーラカンスでも、ウロコがトゲのように隆起しているものがあるよ。でも、こんなに長くはないねえ……」

モッカさんが私に会ったとき描いてくれた歯のスケッチについてはこう言った。

「歯はサメじゃないね。サメはこんなに細長くない。歯だけとるなら、アンコウに似てるね」

「ヒゲはなかった？　ヒゲがあれば、ナマズの可能性もあるんだが。ヨロイナマズなんて初めて見ると『なんだ、この古代魚みたいなのは！』って驚いちゃう」

モッカさんが見たのは浜辺だ。海にはナマズはいないからその可能性はない。

そして先生はこう言った。

「まあ、こんな魚は、化石魚類でも現代魚でもいないね」

シーラカンスは「生きている化石」だったが、ウモッカは死んだことすら確認されていない。つまり、シーラカンスや恐竜が生き残っているより、十倍以上も可能性が低いという意味なのだが、能天気な私はその希少価値に喜び「じゃあ、発見したら、ものすごいことなんですね！」とまたもや興奮してしまったのだった。

上野先生は、私にたいへん親切だった。好意的といってもいい。一つには先生自身、若いころは海外で探検じみた調査研究をしていたからだろう。

もともと淡水魚の研究をしていたそうだが、アメリカの乾燥地帯（オアシスの魚を探していた）では化石がよく見つかるため、化石魚類の研究に興味をもつようになった。アメリカ留学時代は、三年間、ロッキー山脈の原野を網をもって駆け回ったという。

「化石をやるためには現生魚類の骨を調べなければならない。それで教授と一緒にリオ・グランデやコロラド川で、魚を獲りまくった。サソリやガラガラヘビがいるところでテント張ってね。コヨーテの声なんか聞きながら過ごしたよ……」

毎日、獲った魚を捌《さば》き、骨だけを残して、標本を作る。ある日、もう日が暮れて真っ暗になった原野でランプの灯《あか》りの下でその作業をしていた。肉はいらないので、ぽいぽいとそこらに投げ捨てていた。ふと、気配を感じて一、二メートル先の地面をランプで照らしたら、何十匹かもわからないヘビの大群がぐじゃぐじゃと蠢《うごめ》いていてたまげた。ヘビたちは魚の肉を食べに来ていたのだ。

そんなワイルドな経験をしているから、実際に現地へ行って調査をするという人間に好意的なのだろう。

もう一つには、やはりシーラカンスの研究にたずさわったことが大きい。シーラカンスは文字通り「ありえない存在」だった。何千万年前に絶滅したと思われていたのだ。それが見つかり、先生はその魚を自分の目で見て、しかも解剖した。その結果、いろいろな貴重な発見をした。だから、ウモッカも頭から否定したりはしないのだ。当然ほとんど期待などしてないが、可能性はゼロじゃないのだから、「まあ頑張りなさい」という態度だ。

また、上野先生が素人である私に好意的なのは、先生が篠之井《しののい》公平という映画プロデューサーを知っていたからでもある。

篠之井氏はシーラカンスのドキュメンタリー映画を撮るにあたり、領内にシーラカンスが生息しているコモロ共和国政府と交渉したりして、日本にシーラカンスの標本を持ってくるのに甚大な貢献をしたといい、上野先生も篠之井氏にはたいへん感謝している。

実は私も篠之井さんに一度だけ会ったことがある。二十年前、私たち早大探検部がコンゴにムベンベ探しに行くとき、コンタクトを取ってきたのだ。別に映画に撮らせてくれとかいう話は一切出なかったが、「活動資金の足しにするように」と、現金十万円をポンとくれたのだった。

先生は言う。

「篠之井さんやあなたみたいな人がいないと、珍しい生物など発見できない」

そういうわけで、先生は私のウモッカ探しにも協力的なのだ。

しかも、どれくらい協力的かというと、それはもう驚くくらいだった。

「いつでもうちに遊びに来なさい」と言うので、日をあらためて国立科学博物館の研究室に先生を訪ねた。

今度はもっと突っ込んだ相談をした。ウモッカらしき魚が発見された場合、どうしたらいいかという質問をしたのである。先生は丁寧に教えてくれた。

基本的には以下のようである。

・珍しい魚が獲れたらまず、写真を撮る。
・標本としてキープするには冷凍保存がいい。大きすぎる（長すぎる）場合は真っ二つに切ってもかまわない。
・輸送はフェデックスやDHLといった国際輸送会社に頼む。最近日本に来たシーラカンスもそうやって運ばれてきている。

さらに先生は「もし、それらしき魚が見つかった場合は、うち（国立科学博物館）に送っていいですよ。私が鑑定します」とまで言ってくれた。

思わず、「きゃっほー！」と叫びそうになった。

まさか、先生が自ら鑑定してくれるとは。しかも、国立科学博物館に直接送っていいということは、成田空港の税関や検疫を通過するときにもひじょうに心強い。これでウモッカ発見の際には、誰にも文句がつけられないわけだ。

途中経過を全部吹っ飛ばして、最終過程だけがこうしてめでたく決定したのであった。

オリヤー語学習と漁民

現役銀行マネージャーのジェナさんとのオリヤー語のレッスンは九月初めに開始、もう二ヶ月あまりが経とうとしていた。

ジェナさんは無口な人だった。この世に無口なインド人がいるということにまず驚いた。

私がこれまでインドや日本や他の外国で会ったインド人は例外なくよくしゃべる人ばかりだったからだ。ジェナさん自身、「自分はインド人としては言葉が少ない。珍しいタイプだと思う」というからやはりそうなのだろう。

無口ではあるが、必要なことはちゃんとしゃべるジェナさんはインテリなだけあって、ひじょうに賢く、よい先生だった。

勉強時間は最大でも四ヶ月。決して十分な時間はないから、現地で使いそうな言葉をピックアップし、英語で用意する。ジェナ先生にはそれをオリヤー語に直してもらう。

ジェナ先生に感心したのは、オリヤー語をローマ字（アルファベット）表記で書いてしまうことだ。オリヤー語にはオリヤー文字というのがある。しかし、日本にはテキストも辞書もふつうの本もない。つまりオリヤー語の活字がわからない。

こういう場合、無理しても手書きの文字を覚えなければいけないのだが、手書き文字を覚えるのは苦労が多い。人によって癖やうまい下手があるからだ。いや、覚えるだけならたいした苦労はないが、すらすら読めるようになるまでには時間がかかる。そんなヒマがあるなら、一つでも新しい表現を覚えたほうがいい。

それに、もしオリヤー語と英語もしくは日本語の辞書があるなら文字を覚えるのはすごく意味があるが、少なくとも日本にはない。ますます文字をやる理由がないのだ。

ジェナ先生がローマ字表記で書いてくれるのは、だからひじょうにありがたい。しかも、それでちゃんと正確な発音がわかるように工夫してくれている。例えば、母音一つにしても、日本語の「ア」に近い音は〝A〟、「ア」と「オ」の中間くらいの音は〝AO〟といった具合だ。

こういうことはなかなか普通の人にはできない。私も今まで数多くの「先生」についてきたが、自発的にやってくれたのはジェナさんが初めてだ。今までオリヤー語を人に教えたことはない（習う人がいないから当然だが）とはとても思えない。

おかげで私は文字習得は後回しにして、どんどん実践的な表現を習っていった。

「この魚を見たことがありますか？」「この魚はよく獲れますか？」「私はこの魚を探していますか」「見つけたらすぐに知らせてください」などという偏った表現ばかりだ。「この魚が発見されたら、世界が震撼《しんかん》します」という表現も初っ端《しょぱな》に習った。実際には「この魚が見つかったら、世界の人たちがすごく驚きます」だったが。

ジェナ先生はまじめで熱心で賢かったが、一つだけ欠点があった。毎週、多くても二回しか授業をやってくれないのだ。しかも毎回一時間をすぎると、そわそわしはじめる。

最初は、このおかしな生徒に教えるのが面倒くさいのかなと思った。でもそれはちがった。彼は「君に教えていると〝哲学の授業〟に差し支《つか》える」というのだ。私は彼に毎回四千円もの授業料を払っている。いくら高学歴だとはいえ、現在は事実上無職だ。物価の高い日本で、二時間で四千円は貴重だろうと思ったが、それよりも〝哲学の授業〟のほうが大事らしい。

〝哲学の授業〟とは、パンダ社長が会社内で主宰している勉強会のことだ。

パンダ社長が「自分は哲学をずっとやってきている」というのは前から聞いていたが、話半分に聞き流していた。ところが、パンダ社長はほんとうに哲学者だった。「ヴェーダ」、つまりインド哲学である。

倉庫兼会社の一角にサンスクリット語やヒンディー語や英語の分厚い本を山ほど積み上げているが、そのほとんどがヴェーダの文献だという。そして、毎日、午後七時ごろ、仕事がだいたい片付き、日本人スタッフが帰ると、インド人スタッフが集まり、勉強会が始まる。

テキストは「マハーバーラタ」。「ラーマヤーナ」と並び、インドの二大古典にして世界最大の叙事詩でもある。その中でも最も重要とされる「バガバッド・ギータ」という章を集中的に勉強しているらしい。

パンダ社長は子どものころからヴェーダを勉強しており、大学でも哲学を専攻、特にバガバッド・ギータが専門だという。インドで高名な先生についていたこともあるし、日本の仏教哲学者・故中村元《はじめ》博士と面識もあったという。欧米で講演や講師をつとめたこともあり、今日本でもいろいろなところから呼ばれて講義をしている。

これをみんなで輪読しながら、パンダ先生が注釈をつける。

彼らはこの勉強会を毎日七時から十一時過ぎまで続けている。仕事中でも手があくとひとりで本を開き、韻文をろうろうと読誦《どくしょう》している社員も見かける。土日も時間があれば、みんな出社して、仕事をせずに哲学をやっているという。

いつもシャッターが下りて、アルミのドア一枚がたまに開くだけ、インド人が出入りしている謎のオフィスは見た感じ、これほど怪しいものはないが、中では恐ろしく高尚なやりとりが繰り広げられているのだ。

　参加するのは社員だけではない。日本企業のプログラマーをしているジェナさんの奥さんや、そのプログラマー仲間、その他の在日インド人もときおり参加している。けっして宗教の集会ではない。パンダさん自身「私は神様は信じていない」とはっきり言っている。テーマは「自分」だという。

「自分がどこから来てどこへ行くのか？　世界がどうのとか、他人がどうのなんて、どうでもいいんです。自分のことがわからなければいけない」とパンダさんは言う。

　それにしても、驚きだ。パンダさんが哲学に人生を捧《ささ》げている、というか人生をよりよく生きるために哲学探究をしているのはわかる。しかし、従業員までが一緒に古典を繙《ひもと》いて仕事のあとに社長について勉強しているというのは理解を超えていた。

　そして、ジェナさんにとって、私は「勉強の邪魔」なのだった。その執着はどこからくるのか、と思った。

　もっとも、彼らからすれば、いるかどうかも怪しい魚を捕まえるため、毎回往復三時間近くもかけて、外国人が習うこともないオリヤー語を習いに来ている日本人の執着こそわからないようだった。

パンダ社長は、私がオリヤー語を習っていること自体は歓迎していた。自分の母語を外国人が学習したら、それは嬉しい。しかし、それとは別に、私はパンダさんからときどき説教を受けた。よりよい生き方をするための哲学的説教だ。

「高野さん、あなたはミャンマーで麻薬のことを調べたり、アフリカへ行ったり、日本に住む外国人のことを書いたりしている。今度はインドの魚？　あなたのテーマは何ですか？　いつも目先の興味であれこれ手を出しても将来にはつながりませんよ。もっと長いスパンで人生を考えないと」

耳が痛い。常日頃、私が自問自答していることであり、心ある友人知人からよく忠告されていることでもある。

三週間ほどすると、ジェナさんとの関係に変化が起きた。

彼は日本にもう三ヶ月以上滞在している。（休職中でもまだ給料が出ているというのが驚きだが）独学で日本語も少しずつ勉強していた。

オリヤー語はインド・ヨーロッパ語族に属しており、フランス語やドイツ語のように、時制や人称によって動詞の語尾が複雑に変化する。いっぽう、語順は日本語と同じで、前置詞ではなく「てにをは」に似た後置詞がある。だから、日本語と似ている部分も少なくない。

彼にそれを説明してやると、俄然《がぜん》興味をもつようになった。

私たちは「ジェナさんが私にオリヤー語を教える」という一方通行をやめ、交換教授に切り替えた。私が英語で例文を用意し、それを互いに日本語とオリヤー語に直す。そして文法的な説明をつけくわえたりするのだ。

これは大きかった。まず、彼が積極的に時間を割いてくれるようになった。しかも、交換教授だから私が授業料を払う必要もなくなった。

しばらくすると、二人それぞれオリヤー語と日本語が上達してきた。すると、わざわざ英語を話すのが面倒くさくなってきた。日本語とオリヤー語なら、語順が同じだからそのまま言い換えることができるのに、いったん英語を経由するとひじょうに遠くへ行ってしまう。東京から横浜まで名古屋経由で行くくらいの感じである。

「かえって混乱するから英語を使うのは極力やめよう」ということになった。

この辺から彼と私の距離感がぐーんと縮まってきたような気がする。

私が新しい土地へ行くたびに現地の言葉を習うのは、必要だからというストレートな理由のほかに、それを知らないと不安だというのもある。地図を持たずに山へ登るような不安である。私にとって、現地語というのは現地の「人間マップ」みたいなものだ。

こんな言い方もできる。新しい土地は一つの家だとする。言葉を知らないと、道ばたから家の外観を眺めているだけだ。これがちょっとでも言葉をかじると、家の扉を開き、玄関口に立ったような感じがする。玄関口では、もちろん家のなかの一部分しか見えないが、屋内の雰囲気がわかる。人が出入りし、その立ち居振る舞いや生活の様子を垣間見《かいまみ》ることもできる。そんな気がするのである。

オリヤー語を習っていても、自然とオリッサの文化や生活風景が見えてきた。何を食べているのか、どんなところに暮らしているのか、昔と今では生活がどのように変わったか。言語が雄弁に語ってくれるのだ。

生活の変わり具合はオリヤー語に数多く混ざっている外来語（多くは英語、ときどきアラビア語）から察することができた。

その中にはウモッカ探索にじかに関わる重大な発見もあった。

オリヤー語には魚の種類を表す言葉がないのだ。

サメは「シャルク」、マグロは「トゥナ」、イルカは「ドルフィン」……。

みんな、英語だ。

ジェナさんに聞いて驚いた。「インド人は伝統的に海の魚を食べない」というのだ。ナマズやコイといった川魚の名前はオリヤー固有の言葉がある。だが、海の魚は食べないがゆえに名前がなかったらしい。

今ではインドの人口が増え、食糧補給の必要から海魚も食す。欧米思想が浸透し、「海魚は食べ物ではない」という固定観念も破られつつあるという。そこで英語の単語を借用しているのだ。

なるほど、と私は思った。海魚を食べる習慣がなかったということは、インドで海魚の研究者などひじょうに少ないはずだ。

それだけではない。

「インド人はどの程度サメを食べるのか？」と訊いたら「食べるわけないだろ」と大笑いされてしまった。

サメは未《いま》だに食べ物ではないらしい。たしかにサメはアンモニア臭があるので、日本でもふつうに食べることはめったにない。たいていかまぼこの材料になる。今では、犬やネコのペットフードに多く含まれていると聞く。

ここで私はピンとくるものがあった。

では、海魚を捕らえて生業《なりわい》にしている漁師というのは一体どういう存在なのか。

ご存じのように、インドはカースト制度の国である。動物を捕まえて殺すということがヒンズー教の禁忌である殺生《せっしょう》と見なされるため、漁師のカーストは高くないようである。しかし、それだけではないだろう。

一般人が決して口にしなかった海魚を食べ、今でも一般人が絶対口にしないサメを食べる。そんな人々はカーストが低いどころでは済まないのではないか。

「ノリヤ（ウモッカタウンの漁師）は不可触民《アンタッチャブル》じゃないのか？」と訊いたら、ジェナさんはしばし沈黙したあと、「そうだ」とうなずいた。

不可触民とは、あまりに穢《けが》れているとされているため、カーストの外に置かれた被差別民だ。彼らは寺院に出入りすることも許されない。物やお金を渡すときも、一般人に触れてはいけない。故に不可触民と言われる。

今では彼らの社会的地位や経済レベルも改善されているかもしれないし、実際にこの目で見ないうちに「漁師の人たちが不可触民で可哀相《かわいそう》」などと無責任にいうことはできないが、一つだけ言えることがある。

ウモッカは外部から隔てられている。

モッカさんやタカさん、そしてパンダさん、ジェナさんから話を聞いていた段階で、漁民と一般民があまり交流していないようなのは察していた。よそから出稼ぎもしくは移住してきた異民族なのだから当然だと思っていたが、アンタッチャブルとなれば、その交流はもっと薄いはずだ。

　つまり、一般人は漁民の暮らしを知らない。漁民の村にも簡単に足を踏み入れない可能性が高い。

　さらに、モッカさんによれば、漁民はサメを自家消費しているという。市場には出回らないということだ。一般人が絶対に食べないのだから当然だろう。ウモッカを漁民がサメの仲間と考えているかどうかは不明だが、やはり自家消費していたのは確認されている。

　ということは、漁民がすごく珍しい魚を日常的に捕まえて食っていても、外部の人間は全然気づかない可能性が高いということだ。もし、インドの魚類研究者が（いたとして）ウモッカタウンを訪れたとしても市場に並ばないのなら存在に気づかないだろう。そして、アンタッチャブルの村にはわざわざ顔を出さないだろう。

　これだ！　私はテーブルの下でグッと拳《こぶし》を握った。

　この高度情報化時代にそんな未知のとんでもない魚が知られずに存在しているわけはない——今までいろいろな人にそう言われ、反駁《はんばく》する言葉を持たなかったが、やっと説得力のある理由が見つかったのだ。

漁民には著しく気の毒な話だが、ウモッカタウンには人為的な「秘境」が形成されている可能性があるのだ。この人為的秘境の中でウモッカが一般に知られずにひっそりと捕獲されていることも十分ありえる。

そうなのだ。やっぱり、ウモッカは実在する。実在すべくして実在する。

パートナー、キタ登場

現地でウモッカを探すにあたり、私がしなければいけない準備が二つあった。一つは先に挙げた現地の言葉の習得。

もう一つは、パートナーを探すことだ。

今回の探し物はたぶん荷物がとても多くなる。カメラやビデオ、パソコンといった機材も持っていくだろう。こんな荷物を持っていては、一人ではおちおちトイレにも行けない。

未知動物探しというのは、ふつうの人が思うよりずっとずっと地味で消耗する作業だということもこれまでの経験上、よく知っている。成果が上がらないまま一人でやっていると、だんだん意気消沈していくものだ。

そして、最大の理由は、ウモッカが捕まった場合である。一人が必ずウモッカの傍らで見張ってないといけない。漁師か誰かがそのままぶった切ってしまうかもしれないし、市場や自宅に持ち帰ってしまうかもしれない。騒ぎになり、警察が来るかもしれない。目を離したら何が起こるかわからない。見張りは絶対に必要だ。その間にもう一人が日本と連絡をとったり輸送の手続きをしたり、冷凍庫の手配などをしなければいけない。

どうしても最低二人は人員が必要なのだ。

その後、広くパートナーを探した。

「広く」といっても公募なんてしない。人柄や能力を知らない人間と三ヶ月も一緒に行くわけにはいかない。人となりをよく知っている人物が望ましく、理想的には探検部出身者である。

話をすると、「わー、行きたい！」という人はいくらでもいた。「年末年始あたりに、一週間か十日くらい参加したい」という人もたくさんいた。もちろん、こういう人たちはあくまで「ゲスト参加」であり、戦力にはなりえない。

わりと真剣に考える人間も若干はいたが、真剣に考えればすぐ結論が出てしまうようで、「やっぱり無理」と答えた。

ギリギリまで参加を検討していたのは、イシカワという探検部の後輩だ。かつて早稲田のボロアパートに同居し、一緒にばかばかしい行動の限りを尽くした「盟友」である。その後彼はテレビのカメラマンになり、ニュース映像やドキュメンタリーの仕事で世界中を飛び回っている。

独身で日本に定住場所もなく、風に吹かれるように、頼まれれば世界のどこへでも行って何でもするという風来坊的な生活は若いときそのままだ。ここ一年半くらい、民放某局と契約して上海《シャンハイ》に駐在している。

そのイシカワに同行を打診してみた。

彼はだいぶ真剣に考えていたが、結局断念した。

「ふつうの旅なら、ビデオを回せる。ギャラはなくても自分の『作品』が作れる。でも、インドの魚探しじゃ、魚が見つかったときしか自分のやることがない」

何も変わってないように見えるが、やっぱり彼も昔のように風に吹かれて生きてるわけじゃなかった。仕事を中心に生きている。ギャラが派生しなくてもいいが、自分の「作品」が撮れるかどうかが最大の関心事なのだ。ただ、怪魚を追い求めておもしろいとかでは動かないのだ。まさに映像のプロなのである。

「やつも一人前の大人になったもんだ」私はフッと感傷めいた感想をもらした。

そうだよな、ふつうは大人になるよな。いつまでも昔の仲間を期待するのはやめよう――と思った矢先、ふともう一人の昔の仲間であるキタのことを思い出した。

キタはなんともいえない、ユニークな男である。長身、長髪で手足も長く、風に吹かれる柳を連想させる。実際、彼はどんな災難や不幸もさらりと受け流してしまうという不思議な性質をもっていた。災難や不幸だけでなく、ときおり巡ってくる幸運やチャンスも平等に受け流し、周囲の呆れ顔をよそににこやかに笑っている。某国立大を中退して以降、一貫して様々な職業を転々としている。

昔はタロット占いを得意とし、当時三味線に夢中になっていた私と一緒に山下公園で三味線占い屋台をやったりした。私が三味線で客をひき、キタが占うというものだ。タクシーの運転手になってからは、ちょくちょく私のアパートに勤務中に遊びに来て、二人でドライブに出かけたりした。

その後、彼はプロの児童劇団に入り、しばらく役者をやっていた。

「オレもついに準主役の座を射止めた！」と得意気に言うので、「すごいじゃん！どんな劇のどんな役？」と訊いたら、「『アラジンと魔法のランプ』のランプの役だ」というので呆れた。まあ、たしかに題名にもなっているから「アラジンの次」と思ったのだろうが、あれはランプじゃなくてランプから出てくる魔人が重要なのだ。ランプはほとんどじっとして動かない。ていうか、あれ、「役」なのか。

私にそう笑われて悔しかったせいか、その後頑張って本物の「魔人」に出世したが、まもなく座長を殴ってクビになった。キタはいたって温厚な男で自分から暴力をふるうことなどまずないのだが、いつも幸せそうな笑みを浮かべ、見方によってはふざけているように見えるので、誤解されやすい。そのときも座長が「おい、キタ、ふざけてるんじゃねえ！」と怒鳴りつけ、キタがニコニコと「ふざけてませんよー」と言ったら凄い勢いで飛びかかってきたので思わず手を出してよけたら、たまたま座長の顔にクリーンヒットしてしまった……。

こんなエピソードをゴマンと持つ楽しい男である。

ジャングルを踏破するとか河下りをするとなれば、野外技術とか体力とかが必要なので未経験者にはきついが、今回のウモッカ探しは技術や体力なんてまるでいらない。キタを誘ってみるのもおもしろいと思った。

彼は印象深いからちょくちょく会っているような気がするが、実際にはここ十年で三、四回しか会っていない。特に最近は四年くらい会ってない。今何をしているのか、そもそも日本にいるのか、そもそも生きているのか、それを確認するのが先決だ。

とりあえず以前の番号に電話をかけてみたら、ちゃんとかかった。キタもちゃんと生きていた。横浜の実家に戻り、お父さんと二人暮らしだという。

「今何してんの？」と訊いたら、「ジムやってるんだ」という。

彼は高校時代はアマレス、二十代のときには空手を（ともに一時期だが）やっており、格闘技の大ファンである。しかし、ジムを経営するほどの腕前も資金もないはずで、変だ変だと思って話を聞いていたら、ジムじゃなくて「事務」だった。

もとより正社員ではない。バイトだ。パソコンにデータを入力するバイトだという。

ウモッカの話をしたが、「そんな魚、いないよ！」とゲラゲラ笑うばかり。ただ、「おごるから飲みに行こう」と誘ったらすぐにやってきた。

相変わらず、ウモッカを信じてない――というより関心がないので、トゲの模型を見せてやったところ、またもや「こんな魚いないよ！」と大笑いされ、逆効果だ。しかし、奴の問いは鋭かった。

「だって、生物学的意味ないじゃん。二メートルもあって、どうしてこんなトゲが必要なのよ？」

そう言われるとそうだ。体長二メートルの魚を捕食する動物なんていそうにない。天敵がいないのに、どうしてそんな鋭いトゲが必要なのか。進化論的に説明できない。今まで誰もそういうツッコミをしてないのがかえって不思議だ。

そういう観点から考えると、魚類じゃなく、ワニに似ている。似ているという言い方はおかしいが、ワニも食物連鎖の頂点にいるのに、硬いヨロイ状の皮膚に覆われている。

なぜだろう？　現代ではわからないものには歴史的な理由があることが多いから、古代には必要なものだったのかもしれない。

ウモッカのトゲもそうであってほしいのだが、今はキタの話である。

彼は久しぶりに外国、それもインドに行くという話には興味をそそられたようだ。「ただ、貯金は一銭もない」と言うので、「旅費は立て替えてやるから」と答えたら、「あー、じゃあ、いいよ」とあっさり承諾した。

この気軽さが彼の持ち味なのだが、あまりに気軽なので「ほんとうに大丈夫なんだろうか」と心配にもなる。だが、彼は頭が悪いわけではない。

「で、なんでオレが行くの？　オレ、何すればいいわけ？」ともっともなことを訊く。どうしてキタなのか。これまた鋭い質問に一瞬詰まった。ほんと、どうしてキタがいいと思ったんだろう。特に何の役に立つというわけでもないし。でも、誰でもいいからキタでいいと思ったわけじゃない。なんか、キタと一緒に行くと思うと安心するのだ。どうしてかわからない。御守《おまも》りみたいなもんかもしれない。

だが、「御守りみたいなもんだ」とそのまま言っても通じそうにないので、「なんかさ、キタと行くとウモッカが見つかりそうな気がしてさ」と言った。

「いや、あの魚、いないから」とあくまでウモッカ不在説を主張するキタなのだが、もうどうでもいいから、連れて行くことにした。

あれだけ時間をかけていろいろな人をあたったのに、最後は即決である。

やるべきこととしては「タロットカードを持っていって占いをしてほしい」と伝えた。

占いは現地の人と仲良くなる道具としてうってつけだ。そして、そんなものにはなるべく頼りたくはないが、ウモッカ探しが行き詰まったときには、彼のタロットが行くべき方向くらいは教えてくれるかもしれない……。

ウモッカがいかに科学的な見地から信憑性があるか、また発見されたときにいかにインパクトがあるのか、キタが今ひとつどころか、全然わかってないようだったので、まず取材に同行してもらうことにした。

科学ライターの本多さんの紹介で彼の仕事仲間である、Tさんという爬虫類研究者に話を聞きに行った。ドキュメンタリー、フィクションを問わず、多数の著名な映画やテレビ番組の監修をつとめ、また図鑑や辞書、解説本も多数執筆している人だ。

この人は本多さん同様、アカデミックな科学者ではないが、科学研究者にはちがいない。ウモッカの話を聞き、「これはすごい」と言ってるそうだ。こんな専門家の話を聞けば、キタの蒙《もう》も啓《ひら》くだろうと思ったのだ。

最初は話についていけないだろうが、「これはマジなんだ」とキタが思ってくれればいい。

ところが、その目論見《もくろみ》はTさんの事務所兼研究室を訪ねる前にいきなり揺らいだ。

案内役の本多さんが地下鉄半蔵門線のなかで、「日本の調査捕鯨船の船員の人たちが南極でヒト型の巨大未知動物をよく目撃するらしいですが、あれは魚がフェロモンを出して、船員の人に幻覚を見せているんじゃないかと思うんですよ」と、のっけからUMA怪人パワーを全開にしたからである。

さすがのキタも呆気にとられて、「なにがなんだかさっぱりわかんねー」という顔をしている。まあ、私にも「さっぱりわかんねー」のだが。

そうだった。本多さんはキマジメな科学研究者の反面、過激なUMA信者だった。

それをすっかり忘れていた。

Tさんの事務所に着くと、本多氏とTさん、そしてたまたまその場に居合わせたフィギュア職人の三人で熱く語り始める。もう私たちのことなど眼中にない。キタ一人が取り残されてミソっ子になるかもしれないと思っていたが、私たち二人ともミソっ子だ。

「イクチオステガ」「アカントステガ」「パンデリクティス」「ウミワニ」「スチュペンテミス」……といった理解できない言葉がぴゅんぴゅん飛び交い、ガイジンのなかにポツンと取り残されたような気持ちになった。

濁流にながされるように「取材」が終わった。

結局、キタを啓蒙しようという試みは完全に失敗であった。

でもキタはあとで笑いながら言った。

「結局さ、生物学にかぎらず、何か本気で打ち込んでる人って外からみるとおかしいんだよ。アーティストだって、ミュージシャンだって。あの人たちはまちがいなく本気だね。本気の人間のすごさっていうのを久しぶりに感じたよ」

まあ、それを感じてもらえたのならよかったというべきか。

その後、「本気」になったのか、キタからメールで「ウモッカそっくりの魚、発見！」という知らせと添付画像がせっせと送られてくるようになった。インターネットの中から探してくるのだ。その都度、私は焦らされた。

最初は巨大なべちゃっとつぶれた魚だった。場所はインドのどこからしい。

実はジンベエザメだが、図鑑の絵や写真とあまりにもちがうので、動揺する。

モッカさんから「トゲだけははっきり憶えている」と聞き、数多《あまた》の専門家たちから「そんな魚は古今東西どこでも見つかっていない」と聞いているのに、元占い師で現フリーターのキタの勘違いにうろたえてしまう。

念のためモッカさんに画像を送って意見を聞いたところ、こんな返事がかえって来た。

でかいサメですね！
細部、特に肌の状態がちょっと写真では分かりにくいので判断しにくいのですが、印象として「ウモッカ」とはかなり違う雰囲気だと思います。
ただ、この陸に揚げられて自重でつぶれた感じは、「こんな感じの身体の状態だった」と思いました。

ヒレの感じも、この写真では何とも判別できませんが、「ウモッカ」のヒレは、「ヒレが足っぽく見える」というより「足っぽいヒレ」だと感じました。

以前お伝えしたことの繰り返しになってしまいますが、見たときの印象は「サメ」というより「変なシーラカンス」でありました。


ホッとする。やっぱり、ちがった。

「だから、言っただろう、ふつうの魚じゃないんだって」モッカさんの明確な否定で急に息を吹き返した私はキタに苦情を言った。

それにしても、海の中の写真と陸に水揚げされた姿では全然ちがうという重要な点には初めて気づかされた。

これはＵＭＡサイトの人たちも全然チェックしていない盲点だ。キタはネット検索もうまいし、なかなか使える。人を焦らせるのも得意だし……。

一度、打ち合わせと称してキタを自宅に呼んだところ、新しく買ったノートパソコンのリカバリーとやらを設定してくれた。意外なことにキタはひじょうにパソコンに詳しい。「金がないから、既製品ではなく自分でパソコンを組み立てているうちに、どうしても詳しくなっちまった」そうだ。

「自作なら二万円くらいで作れる」という。金を努力で補ったということで、それだけ聞けば素晴らしいが、そのわりにはせっせとバイトしているにもかかわらず、金がまったく貯まっていない。実家に住み、ギャンブルもしないし、酒もいくらも飲まないし、女遊びもしないのに。さっぱり理解できないが、本人も「なんでだろ？」と首をひねっていた。

キタは英語のサイトの検索にも長《た》けている。

ウモッカタウンの隣の郡にインド屈指の国際漁港があるとか、インドではジンベエザメを筆頭にサメの捕獲が厳しく禁じられており、違反者は罰金を科されるとか、新しい情報をどんどんひっぱってくる。

本人は「いやあ、ヤフーの力だよ」と笑っているが、御守りのわりには意外に使える男だ。

単にネット上の情報収集に長けているのか、本質的なポイントに鋭い嗅覚《きゅうかく》があるのかは今ひとつ不明だが、キタが「のってきている」ことだけはまちがいなく、とにかくこれからが楽しみになってきた。

出発準備完了

十一月半ばを過ぎ、いよいよ具体的に出発の準備を始めた。

まず、いつからいつまで現地調査を行うかを決めた。

ウモッカが目撃されたのは一月一日である。ウモッカがたぶん魚、少なくとも動物である以上、季節にしたがって行動している可能性が高く、同じ時期に行くに越したことはない。

さらにわざわざ「元日の朝」に見られたとなれば、モッカさんじゃないが「お年玉」あるいは「縁起物」かもしれないと、ここだけ急に迷信じみてきて、絶対に来年一月一日はウモッカタウンにいなければいけないと思った。

なるべく準備期間がほしいから年末出発が理想的なのだが、その時期は航空券が高い。安いチケットを探して日をさかのぼっていったら、結局十二月十三日の出発となった。思ったより時間がないが、しかたない。

次に現地で調査する期間はどのくらいにするか。

ウモッカが見つかる可能性というのは、まったく未知数である。誰もちゃんと調査をしていないのだ。現地で聞き込みをしたら、「あー、知ってる。ときどき獲れるよ」なんて言われてあっけなく捕獲できるかもしれない。反対に「そんなの、見たことも聞いたこともない」と言われ、途方に暮れる可能性もある。

言い方をかえれば、見つかるときはわりと早く、見つからないときはずっと見つからないということだ。

それなら三ヶ月で十分だろう。これで見つからないときは五年、十年もかかる魚だということになり、いくらヒマな私でもそれは無理な話である。

最終的に十二月十三日に日本を出発し、三ヶ月滞在できるチケットを買った。つまり、最大三月十三日までインドに滞在するということだ。

さて、次はインドのビザ（入国許可証）である。

キタはもう長いこと海外に行っていない。海外に行くということがどんなことか忘れてしまったという。そんなわけはないだろうと思っていたが、ビザを取る段階で、「パスポートを送ってくれ」と言ったら、「あ、そんなものが必要だったか」と言った。ほんとに忘れている。

彼のパスポートはとっくの昔に失効していたので、新たに取り直してもらう。

キタのパスポートが届くのを待ち、それからインド大使館へ行ってビザの申請をした。その日の午後に受け取りだったが、私は実は内心、極度の緊張にとらわれていた。「もしかしたら、ビザが下りないのでは……」と心配していたのだ。

私は三年ほど前（二〇〇二年）、インドのカルカッタから強制送還されたことがある。

前にもちょっと書いたが、三年前、いわゆるシルクロードとは全くちがう、謎の「西南シルクロード」というのを陸路でたどるという旅を敢行した。当初は中国からミャンマーに入り、インド国境の手前で引き返す予定だったのだが、さまざまな予想外の展開があって途中で引き返せなくなり、ミャンマーからインド国境を徒歩で越えてしまった。

ビザもないし、イミグレもないジャングルからインドに入ってしまったのだ。結局、そのまま現地の学生のふりをしてカルカッタまで出て、そこで警察に自首した。一時は、日本領事館の領事氏に「懲役五年は覚悟したほうがいい」と言われ、頭が真っ白になった。

最終的には、「領事も一緒に来ているし、自分から出頭してきたのだから、スパイやテロリストではないのだろう」と判断され、ただちに強制送還という最も穏当かつ曖昧な処分で済まされた。

あれからパスポートも変えている。私と同姓同名の人間はいくらでもいるだろう。足はついてないと思った。記録自体が残ってないだろうとも勝手に思っていた。だが、一抹の不安は消えない。

それだけに何の問題もなくビザが出たときには「ひゃっほう！」と心のなかでジャンプした。

もうあとは何も心配はいらない。ただ、飛行機と列車を乗り継いでいけばいい。いよいよ、あとは行くだけである。


次は機材の準備である。

今回の調査は少なからず金がかかる。証拠をおさえなければいけないからだ。

まずカメラ。デジカメを二台持っているが、一台は調子が悪い。修理に出したら、なんと一万八千円もとられた。いったいどういうことだ。日本ではもはや機械は壊れたら修理に出してはいけないらしい。新品を買わねばいけないらしい。

これもきっと自然を冒瀆《ぼうとく》し、経済が発展すればそれでよいと思っている、おごりたかぶった政治家や企業の陰謀だろうと私は科学ライターの本多さんばりに考えた。迅速にウモッカを捕まえて人類の誤りを指摘しなければならない。

ビデオカメラも買う必要がある。自慢ではないが、ビデオカメラなんて、他人に頼まれて、一分くらい回したことがあるだけだ。ほとんど触ったこともない。

家電量販店に行くと、十万円近くする。触ったこともなく興味もないものに十万円か。

でももしウモッカが見つかったらビデオは絶対必要だ。それに映像がとれれば、日本のみならず世界中に売れる。そしたら十万円くらいは元がとれるだろう。ちゃっかりというのか、みみっちいというのか、私は獲らぬウモッカの皮算用をした。

パソコンも携帯用のノート型パソコンを買っていた（キタがいろいろ設定してくれたやつだ）。今回は長期滞在型だ。荷物は多少多めでもいい。デジカメの画像は順次パソコンに取り込む必要があるし、もし、ウモッカ捕獲の場合は現地から速報の原稿を書く必要に迫られるかもしれない。

私の狭い部屋はたちまち新しい機械やアダプターや接続コード、分厚いマニュアルなどでごった返すようになった。まったく自然の冒瀆と過剰消費への加担では私も人後に落ちない。

この点はほんとうに冗談ではなく釈然としないのだが、ここで立ち止まって考えるわけにもいかない。インドにいけばそんなことを考えるヒマはいくらでもあるだろうと哲学的思考は先延ばしにして、前進するしかない。

最後の最後まで「もしかしたら行けるかも……」と含みをもたせていたイシカワが正式に参加を断念した。「紅白歌合戦」でユーミンが上海に来るから、その撮影の手伝いをしなければいけないし、他にもいろいろとあるという。

おい、ウモッカとユーミンとどっちが大事なんだと憤慨したが、しかたない。代わりに、彼はビデオ撮影の超基本にして極意を教えてくれた。これが素晴らしいので、あえて記したい。

1．何かを撮るとき、必ず十秒間はフィックスさせる（カメラを動かさない）こと。十秒は長い。「十秒たった」と思っても、たいていは五、六秒。だからひたすら我慢して長め長めに撮ること。

2．パン（横に動かして全景を撮ること。景色を撮るときなどによく使う）のときも、最初と最後は「十秒フィックス」を厳守すること。

3．ドリー（二メートルもある魚などを歩きながら撮影する方法）のときも、最初と最後は十秒フィックス。
4・ズームイン（望遠もしくは拡大）やズームアウト（その反対）は、単に構図を決めるのに使うだけで、ズームを動かして何か表現しようとしないこと。
5・できるだけズームは使わないこと。もっと「寄り（近い距離）」の絵がほしければ自分で歩いて近寄る。「引き（遠い距離）」の絵がほしければ自分が歩いて遠ざかる。それができない、あるいは間に合わないときだけズームを使うこと。

あくまでこれは私のような超初心者向けに大雑把に言っていると断ったうえで、「これだけを気をつけて撮れば、あとは大丈夫だよ」とイシカワは貫禄《かんろく》たっぷりに言った。

たしかに、これを聞いたら、それまで何をどう撮ればいいのか、まったく見えてなかった私でも、「道筋」がはっきりと見えた。

素晴らしい。さすがプロのアドバイスだ。これだけ簡にして要を得ているビデオ撮影の教えはないだろう。

そんな準備の真っ最中、突然、浜松のモッカさんから宅配便が届いた。なんだろう、と開けてみたら、なんとTシャツ。しかも、インド・ウモッカ・プロジェクトと英語で記され、モッカさんが描いたウモッカのスケッチがシルエットになって添えられている。

私が勝手に「インド・ウモッカ・プロジェクト（略称ＩＵＰ）」と名づけブログで公表したので、急いで「公式Tシャツ」を作ったのだという。

そのまま即販売できそうな、しかもすごく売れそうな、センス抜群のデザインだ。芸大大学院卒は伊達《だて》ではない。これをたった二時間あまりでつくってしまったという。

同封された手紙には「探検隊といえばユニフォームですよね。今まで気づかなくてすいませんでした」となぜか謝っている。すごくいい人だが、やっぱりちょっと不思議な人だ。

さらに十二月、今度はずしりと重い小包が自宅に届いた。

「ウモッカ手配書」千枚である。これこそが今回のウモッカ探しにおいて、トゲ模型と並ぶ、あるいはそれ以上の秘密兵器だ。

Ｂ５の紙に、モッカさんによるカラーのスケッチ、同じくモッカさんによるトゲ付きウロコの拡大図、そして説明文が印刷されている。

上に大きく「WANTED!」と英語のゴシック文字が入っており、本当に「手配書」

である。
説明文は現地の公用語オリヤー語で、ジェナさんに手書きで書いてもらったものだ。日本語に訳すと次のようになる。

あなたはこの魚を知りませんか?
私たちはこの魚を探しています。
これはとても珍しい魚で、科学的にたいへん重要です。
特徴：
・長さ一〜二メートル。
・サメに似ている。
・背中は、鋭いトゲのついたウロコでびっしり覆われている。
・頭、腹、ヒレにはウロコもトゲもない。
・色は、背中が茶色っぽく、トゲは白く、腹は青っぽい。
・頭と尻尾はよく見ていなかったので、この絵と異なるかもしれない。
これは、ある日本人旅行者が一九九六年、ウモッカタウンの砂浜で見かけたものです。

地元の漁師が網で捕まえ、その場でぶつ切りにしてしまいました。

そして食べるために家に持ち帰りました。

これに似た魚を見つけたら、すぐに私たちに連絡してください。

（空白に電話番号を入れる）

もし、それが私たちの探している魚であれば、最低五千ルピー（約一万二千五百円）で買い取ります。


以上の内容だ（左ページが『手配書』である）。

オリヤー語はヒンディー語とは文字からしてちがうので、この州以外のインド人には全く読めない。

もっと広く使えるようにヒンディー語にしておけばよかったかなあ……とも思うが、まあ、なんとかなるだろう。

ところで、この手配書のどこが「秘密兵器」なのか。モッカさんのスケッチを載せて、説明を現地語に直しただけじゃないのか——。そう思われるかもしれない。しかし、これは意外にも熟考というか悪考というか、ともかく考慮を重ねた代物なのである。

WANTED !

ଆପଣ ଚଳ ମାଛମାନଙ୍କୁ ଚିହ୍ନିଛନ୍ତି କି ?

ଆସନ୍ତୁ ଚଳ ମାଛମାନଙ୍କୁ ଖୋଜିବା

ଚଳମା ମାଛଙ୍କ ଜିଭ ମୁହଁ ଚଳ ଚଳି ସିଂହୀକିନ୍ ଗାମମା ମାଛ ଦୁଇ ହୁଅନ୍ତି ।
ଏକା ଚାଲାଇଥି ଦୁଇର୍ଷ୍ଣି ଚଳ ମାଛମାନଙ୍କୁ ଦୃଢ଼ା ପାଇଁ ପ୍ରାୟଶ ଜାଗୃତ୍ୟାଇ ଜଳାଣ୍ଡ
ଜେହୁଷୁଠ୍ । ସଙ୍କ୍ରେମାନ ସଳକେ ଫୁଲସ୍ତୁ କମୟର୍ଥା କ ପ୍ରାଦୁ , ୟ ଇଷ ଫିତୁ ଅଙ୍କ
ଫିତୁ ହୁକ୍ । ପାସ ଚଳିପାରନ୍ତ , ଏକ ଗ୍ରୀତୃ ଜେମ୍ଭ/ ଚାମ୍ପିମିଆ ଚଳମା ମାଛର
ଦର୍ପୁରୁଷୁ ଚଳ ଜୀବ୍ୟାଣ ତ୍ୟୁନି ନ୍ୟାନ ଜିତୁ ଅଙ୍କି ଜାନି ସେ ଆଙ୍କଜାରଙ୍କ ଚଳ ମାଛମାନଙ୍କ
ହୁଏ ।

- ଅଘା: ୧ ରୁ ୨ ମାସ

- ଚଙ୍କନାଙ୍କୁ ଜାର୍କ ଫଟି

- ବିଚ ବ୍ୟାଦ୍ୟାବା ନାଡ଼ିରୁ ୟୁଥା

- କନ୍, ଦୁଗ୍ଧ ଚଳ ଗାମଳ ନଥି ଜିତ୍ୟ ମଣ୍ଠୀ ସାନ୍ଧି ।

- ଚୋଜ କୁଖିଚ୍ ଦୁଇ ଚଳ ମଣ୍ଟ ସୁଗ୍ୟ ।

- ମୁକ୍ତ ବଣ ସାଜ୍ଞି ସ୍ଥୁ ବ୍ୟାଜେ ସବୟ ନାରତନ୍ତୁକୁଠୁ ଥାଙ୍କୀ ପାଠୁପିଡ଼ା ସିଗୁଆଳ ଆଠାମା
ହୋମ ନଥର ।

ଆପଣ ଚଳଗୁଡି଼ ଫାଇଁ ମାଣ ପାଇଲେ , ପୟାକ୍ତି ଆମୁଙ୍କୁ ଦୁଇଷ୍ଟି ହୋଇ ଜରିବା । ଏହି
ଜୋଣା ଆମ ଜୋମୁଖିମି ମୁଦ, ଚୋମ୍ପ ଆମ ଜର୍ଜିମ ୨,୦୦ ଦସ୍ୟା କେଷା ଜିଳିର୍ ।

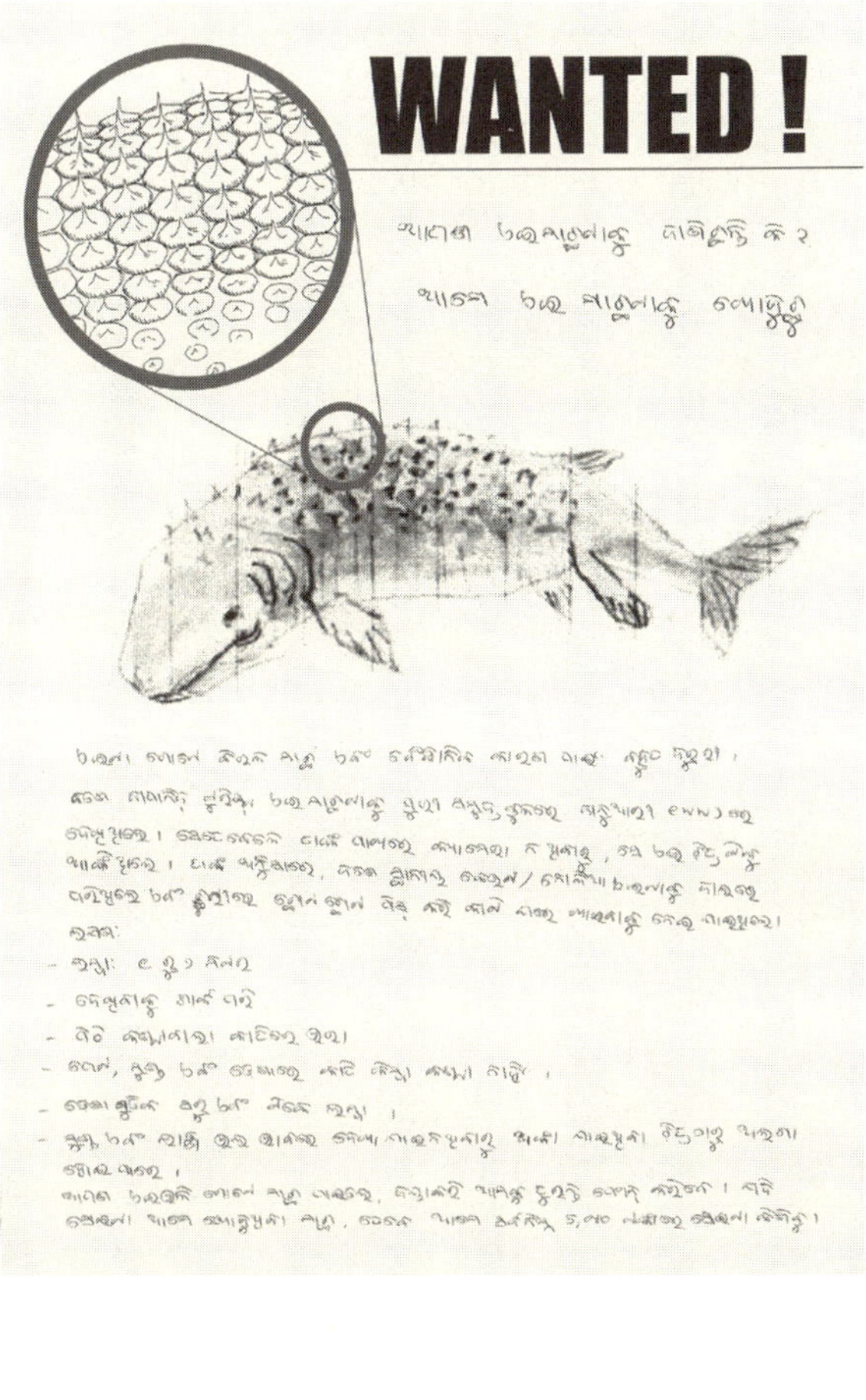

一つには、例の「認識論」論争——私ひとりがやっていることだが——の成果がある。

二次元（絵）か三次元（模型）か、認知科学だのアフォーダンスだの、と言っていたが、「絵と文章を見せながら口で説明するのがいちばん早い」という単純な結論にたどりついたのだ。

現地でウモッカの説明をするとき、絵だけでは訴えかける力が足りない。口で説明しただけではもっと弱い。しかし、絵を見せながら特徴を具体的に、しかも明確に説明すると、理解されやすい。それを文字に直せば、もっと効果があがるはずだ。

ほら、何か企画を思いついて上司やクライアントに話すと、「ほう、じゃあ、今度企画書にしてよ」と言われるだろう。あれと同じだ。紙があり、そのうえでさらに説明すると、頭に入りやすいのだ。これにトゲ模型を添えて説明すれば無敵だろう。

思うのだが、認知科学は科学であるだけに、単純なケースしか想定できないのではないか。同じ時間内でどちらが有効なのかという議論・実験になるのではないか。だが、人間を相手にする場合、時間は同じとはかぎらない。

現実はそんな設定だけで動いてはいない。わかりやすく言えば、話でもブツでも、相手を引きつけてしまえば理解されやすくなるのだ。相手が絶対に十分しか時間を割いてくれないなら別だが、通常はそんなことはない。たとえ、予定が十分であっても、おもしろそうなら時間を延長してくれる。興味をもたせれば、認知力は高まる。時間をかければ、なおアップする（もっとも、相手はインドの現地人なのでその保証はないのだが）。

もう一つは、懸賞金をつけたことだ。正確には、「買い取る」のだが、事実上同じことだ。

これは地元漁師の真剣度をアップさせるのに役立つ。人間の集中力は、自分の利益・不利益に関するとき、格段に高まる。自分自身を見ればよくわかる。

絵を見せられて「これ、知ってるか？」と訊かれるのと、「これ、知ってたら一万円やる」と言われるのと、どちらが真剣に絵を見るか。答えは言うまでもない。

さらに、これは――意外なことに――ウモッカ捕獲の究極の手段でもある。

今回のウモッカ探索行の最大の悩みは、「探索の具体的な方法がない」ということだった。湖なら「見張る」とか「潜る」とか「ボートでパトロールする」とか「レーダーを使う」とかいろいろやり方はある。

だが、今回は現場が海だ。湖と比べたら無限ともいえる海が相手だ。調査の方法がない。ウモッカがどのスポットにいるのか、深さ何メートルくらいにいるのかもわからない。

自分で漁船に乗り込み、漁をするというのをまず考えたが、情報によれば、船はいくつもあるという。つまり、一つの船に乗って沖に出たら他の船の収穫は見られない。モッカさん以外に唯一現地へ足を運んだタカさんが言っていたように、漁船に乗って漁に出れば「おれ、頑張ってるぞ！」という自己満足は得られるが、効果は低い。はっきり言って、浜辺でぼんやり待っていて、船が帰るごとに網をチェックしたほうがはるかに効率的だ。

やる気を出さないほうが効果的——こういうのがいちばん困る。たとえ心身ともにきつくても頑張れば効果も上がる作業というのは、想像以上に楽しいし充実感がある。だが、頭も体も使わずにただ待っているだけでは、徒労感ばかりが増える。徒労感が重なると士気が下がり、士気が下がると徒労感は増大する。

しまいには「オレ、何やってんだろ」とか「ほんと、オレ、ダメな人間だよな」とか、ろくでもない物思いに取りつかれ、しかもそれが正しい考えなものだからなおさら打ちのめされ、精神が一途に荒廃していくというのがお決まりのパターンである。何度も体験しているからよくわかる。とにかく、ほんとうにきついのは、「頑張れない状況」なのである。

実際、今回の探索について他の人間に説明すると、「謎の怪魚」でまずバカにされるが、中には「おもしろい」「わくわくする」と言ってくれる人もけっこういる。だが、捕獲の方法として「浜辺でぼんやり待ってる」と言うと、その話のわかる人たちの大半が脱落してしまう。「なんだ、それ。探検でもなんでもない。全然わくわくしない。バカじゃん」となる。

いや、ほんと、そうなのだ。

結局この「魔の退屈」から逃れる術《すべ》はないのだが、唯一の解決策というか事態を軽減するために編み出したのが「懸賞金」作戦だ。

大金がかかっていれば漁師も真剣になるだろう。すると、どうなるか。彼らがもしウモッカをある程度知っているならば、自ら積極的にウモッカ捕獲に頑張ると私は踏んだ。他の漁を二の次にしても、少しでもウモッカがいそうな海域に、少しでもウモッカが獲れそうな時間帯に船を出すと見た。黙っていても、親族や友人知人に声をかけ、情報を集め、それっぽい魚を探し回ると読んだ。

あとは連絡が来るのを待ちながら、手配書を撒《ま》いて歩けばよい。

たぶん、ウモッカとは似ても似つかない魚がどかどか持ち込まれるだろうが、「私たちが探している魚と同じであった場合に買い取る」と明言しているので、ハズレには金を絶対に出さない。また、情報提供にも一切金を支払わない。そんなことをしたら、三日とたたず、私たちは虚偽の情報で溺《おぼ》れ死んでしまう。

あくまでゲンブツのみだ。

変な魚がぞくぞく持ち込まれたら、面倒だが、それはそれで面白いし、ウモッカではない別の発見もあるかもしれない。だいたい、面倒ということは忙しいということで、魔の退屈や精神の荒廃から逃れることができる。

ここで重要な役割を果たしてくれるのがジェナさんだ。

ジェナさんはオリッサの州都ブバネシュワルに実家がある。お父さんは州政府の元官僚で、退職してからは息子たちと一緒に金融業を営んでいる。パンダさんによれば、相当な金持ちらしい。

ウモッカタウンからブバネシュワルまで車でたった一時間。場所も便利だ。

まず私たちは彼の実家へ行き、彼のお父さんや兄弟の協力を得て、準備をすることにした。

順序が逆というか、まさに獲らぬタヌキの皮算用なのだが、今回はウモッカが捕まったと仮定して、そこから逆算して準備をしなければならない。なぜなら、ウモッカが捕まってから、保存や輸送の手段を考えるのでは遅いからだ。我ながらバカバカしいと思うが、しかたない。

逆算すると、こうなる。

まずは鑑定先をおさえる。これは前述したように国立科学博物館の上野先生にお願いする。輸送先も同じく国立科学博物館である。ただし、こちらが「謎の魚発見！」と勝手に判断して送りつけては向こうに迷惑なので、まず写真を撮り、その画像を電子メールで送って許可を得る。

次に考えるのは、ウモッカが捕獲されてから日本に送るまでの手順だ。それを州都のブバネシュワルで行う。

まず、冷凍庫を探さなければいけない。ウモッカ発見の際、生きたまま日本に輸送するのは不可能と考え、とにかく冷凍庫にぶちこむことにしたのだ。

冷凍さえしておけば、あとはゆっくり慎重に事を運べば良い。ウモッカタウンは小さい町なので、体長二メートルにも及ぶ魚を入れる冷凍庫があるかどうか疑問だが、オリッサ州の州都なら必ずあるだろう。

それから、ＤＨＬやフェデックスのような国際輸送会社を探し、あらかじめ交渉しておくこと。ウモッカが捕獲されたとき、すみやかに手続きができるようにしたい。

それだけではない。ウモッカのような巨大な魚を外国に持ち出すとき、現地の役人が何か文句をつけてくることもありうる。今の世の中には「生物多様性条約」というのがあり、各国はそれぞれ自国の希少生物の持ち出しを禁止している。インドは特に厳しい国の一つだという。ウモッカは希少生物でなく未知生物だからインドのリストに載っているわけがなく、問題ないはずだが、いちゃモンをつける輩《やから》はどこの国にもいる。

かつて州政府の官僚で、今は富裕な企業家になっているジェナさんのお父さんはきっと今でも顔がきくだろう。もしその手のクレームがついた場合、われわれの強い味方になってもらえると期待した。

さらに、さきほどの「懸賞金作戦」もジェナさん一家の協力がないと難しい。というのは、魚発見の際、電話連絡が不可欠だからだ。漁師たちは、被差別民かつ異民族だから、ホテルの経営者など、一般のオリッサ人と交流が薄い。なかなかホテルに電話してきたり、訪ねて来たりはしないだろう。

そこで必要なのは携帯電話だ。

私たちが携帯電話を持っていれば彼らの気後れや億劫《おっくう》さは著しく軽減できる。人を介さず直《じか》に話ができるし、私たちがどこにいても、彼らが一声かければ、ただちにこちらから出向くことができるからだ。

しかるに、インドでは携帯電話の所有が制限されている。テロリストや麻薬密輸など、犯罪組織に対する警戒からだというが、携帯電話は役所に申告して許可を取らなければ買うことができないらしい。しかも、長期滞在ビザを持たない外国人には一般的に許可が出ないという。

そこでジェナさん一家に頼むわけだ。彼らが自分たち用に一台申請して買うのは容易だ。それを貸してもらえば問題は簡単に解決する。

ジェナさんに相談したら、「ＯＫ。なんでも手伝えることは手伝うよ」とのことだった。私たちが行くことはすでに伝えてあるばかりか、ちょうど向こうでイトコの結婚式があるという。ジェナさんは日本に居残るが、奥さんは一時帰国するという。奥さんの口からも直接説明してもらえば、なお都合がいい。

一つだけジェナさんが首をひねったことがあった。

ドライアイスだ。

ウモッカを国際輸送便で運ぶ場合、冷凍輸送というシステムがないので、発泡スチロールか何かの箱に魚を入れ、周囲の隙間《すきま》にドライアイスをびっしり詰めて運ぶ。少なくとも、シーラカンスはそうして運んでいるという。すると、日本まで十数時間かかったとしても冷凍されたまま到着するらしい。

ところが、ジェナさん、「ドライアイスって何だ？」という。

私もドライアイスが何であるか知らない。「氷のように冷たいんだけど、触ると熱い」くらいしか説明できない。ちょうどそのとき、私は大井競馬場の近くにある彼の自宅で相談をしていた。しかたないので、二人で近くのスーパーに出かけた。

この冬は異常な寒さで、十二月上旬というのに、まるで二月のように冷え込む日が続いていた。その日も寒かった。インドから来て初めての冬を迎えるジェナさんは「寒い、寒い」と連発していた。

スーパーに入ると、やっと暖かくなったが、私たちが探すのは皮肉にもドライアイスだ。

幸い、ドライアイスはすぐに見つかった。アイスクリーム売り場に「ドライアイスご希望の方はサービスカウンターにお申し付けください」という看板が出ていたのだ。手ぶらで貰《もら》いに行くわけにもいかないので、全然欲しくもないが、アイスを買った。なんでもよかったが、とりあえず、チョコバーを一本買う。絶対に食べないとわかっていても、つい好物を選んでしまうのが不思議だ。カウンターに行って、ドライアイスを一袋もらった。

ジェナさんはビニールに入った氷砂糖のような粒を不思議そうな顔でつまみあげ、直後、「わっ！」と小さく悲鳴をあげて、放り出した。

「これ、熱い！」と目を丸くしている。だから、私が前からそう説明しているのに。まあ、私も生まれて初めてドライアイスを触ったときは熱かったし、氷が熱いということに驚きもしたから無理もない。

ジェナさんはしばらくドライアイスを触ったり匂いをかいだりしてから、「どういうものかはよくわかった。これがオリッサ州にあるかどうかわからないが、向こうの人に訊いて探してもらうことはできる」と言った。

ドライアイスはウモッカ輸送に不可欠なので、私もとりあえずホッとした。

外に出ると再び猛烈な寒さだった。日も暮れて、雪でも降りそうな気配だ。

バス停まで出て、ジェナさんと別れる間際、彼にチョコバーを手渡そうとした。

「これ、あとで食べなよ」と言ったのだが、「寒い。いらない」とにべもない。

「今、食べる必要ないんだよ。冷凍庫に入れておいてあったかいときに食べればいい」というのに、頑として「いらない。君がもっていけ」という。

しかたないので、チョコバーを持ってバスに乗り込んだ。

バス停でしばらく待っていたので、体は冷え切っている。乗客もみんな体を丸めている。バスのなかはほかほかして助かったが、今度はチョコバーが気になる。チョコがどろどろと溶けてきそうだ。

しかたないので、まったく気は進まなかったが、チョコバーを食べることにした。寒いうえに冷たい。おでんや鍋《なべ》を食いたい気分なのに、どうして、こんな日にアイスを食べなければならないのか。

ゆっくり食べるとなお冷えるので、急いで口に押し込んだ。

乗客のみなさんがこちらをちらちらと眺めている。私がふっと気づくと、みなさん、すっと目をそらす。

ヤバい人と思われていること、まちがいなしだ。そうだよな、こんな凍りつくような日にアイスを手にしてバスに乗り込み、席につくなりバクバク食ってるんだからな。

それもこれも、全てウモッカのためである。獲らぬウモッカの皮算用のためである。

第二章　ターミナルマン

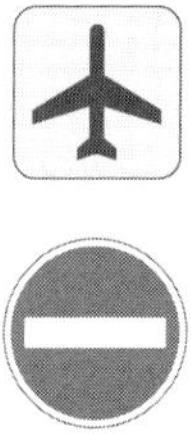

第一日

二〇〇五年十二月十三日。いよいよ本番のウモッカ探しに出発である。

成田空港で相棒のキタと落ち合い、マレーシア航空クアラルンプール経由カルカッタ行きの便に乗り込む。

飛行機に乗るとホッと一息ついた。やっと身軽になった。

今回は荷物がやけに多い。デジカメ、ビデオ、パソコンなどの機械類に加え、資料もたくさんある。現地ではいろいろな魚を見ることになるはずだが、私たちは知識がない。だから、魚の図鑑や参考図書をどっさり用意した。今回の鍵《かぎ》であるサメ関係だけでも四冊ある。

その他、インド関係、ヒンディー語のテキストや辞書、会話帳、ガイドブック各種、新しく買った機械類のマニュアルもずいぶんな量である。

よせばいいのに、余暇に読む文庫本も十冊も持ってきてしまった。私はかなりの活字中毒者だが、ふだんは長旅に本をそんなに持って行かない。いくら持っていってもキリがないし、移動に不便だからだ。ところが今回は最低二ヶ月は定住するつもりで、定住なら多少荷物が重くてもよかろうと、誘惑に負けてしまったのだ。

だが、なにより重いのはウモッカ手配書千枚である。カラー印刷のせいか、これだけで『広辞苑』二冊分くらいの重量がある。

私だけで全てを持つのはキツいので、魚関係の図鑑や資料はみなキタに持ってもらうことにした。私はウモッカ手配書とその他の資料をザックに入れた。例の秘密兵器「トゲ模型」も私が二つとも携帯していた。万一なくしたときのためのスペアとして、また、私とキタが一つずつ持っていれば便利だろうと考えて二つ用意したのだが、キタに渡していなかった。

まあ、荷物の振り分けはいたって便宜的なものだ。ずっと一緒に行動するんだから、どちらが何を持っていても関係がない。

「やっと、少し楽になったよ」私は吐息まじりに隣のキタに話しかけた。

「あー、まだ腰痛がひどいんだ」

「うむ……」私はうなずいた。

私はここ数ヶ月、ちょうどウモッカに出会って探索を決意したあたりからずっとひどい腰痛に悩まされていた。
　三十三、四歳あたりからときどき間欠泉のようにやってくる原因不明の腰痛である。特に何も思い当たる節がないのに、急に腰が痛み出し、それがじわじわと悪化する。これが始まると、あとは何をしても自力では治らない。ジョギング、水泳、腹筋運動、ストレッチ……といろいろ試してみたが、痛みが凝縮されるばかりだ。
　この腰痛、最初のうちは、一、二ヶ月すると、自然に治ったのだが、ここ三年ほどは中国式整体に行かないと治らなくなった。もっとも整体に二、三回行けば、すーっとよくなった。

　ところが、今回は頼みの中国式整体も効かない。マッサージを受けても疲労ばかりが腰にたまり、痛みが和らがない。

　いちばんよくない姿勢は体を横にしていることと、立っていることだ。

　朝は毎日、鋭い腰の痛みで目が覚めてしまう。寝ていられないのだ。腰痛が悪化すると、肩や背中までガチガチになってくる。いっぽう、書店で一時間ばかり本を物色すると、もう腰の痛みでへたりこみそうになる。その他、身をかがめたり、ましてや重い荷物を持つのはキツい。

　不思議なことに、整体の先生たち――いろいろな整体院に通った――は異口同音に

「あなたの腰痛はそれほどひどくない」と言う。「ただ、ちょっと凝っているだけ」なんだそうだ。

ならば、どうして、治らないのか。誰もその問いには答えてくれなかった。膵臓《すいぞう》や肝臓が悪いときにも腰痛になると聞いたので、病院で検査も受けたが、内臓にも異常はなかった。

さて、ひじょうに腰によくない重いザックから解放され、私は安楽な機内の椅子《いす》に身を沈めた。……なんて書くと、あたかもファーストクラスかビジネスクラスで行ったかのようだが、まさかそんなことはない。狭いエコノミーのシートだ。

なぜか、これまたまったくわからないのだが、私の腰痛は座る姿勢には影響ないのだ。いかにふだん、机に向かって仕事をしていないかがわかろうというものだが、それにしても腰痛持ちの恐怖の的である長時間のフライトは全然苦にならない。シートが狭くてぴったり固定されている分、ふつうの椅子より楽なくらいだ。

「椅子にすわって、ため息ついて、まるで年寄りだよ」私は自嘲《じちょう》した。

すると、キタも、「いや、オレも最近肩こりがひどくてさ。首にもきてるし」と言う。毎日パソコンの打ち込み仕事をやっているからららしい。

「ウモッカタウンに着いたら、ヨガ教室を探そうぜ」私は言った。

「あるかな？」

「あるよ、絶対。外国人旅行者も多いっていうし」

「謎《なぞ》の生物探検隊がいきなり肩こり腰痛治療のヨガか。ダメだね、こりゃ……」キタが大笑いした。

私も笑っていたが、実際腰の調子は深刻だったので、半分以上本気であった。原因がまるっきりわからないだけに「インドの神秘」にすがりたいという、インド旅行の超初心者みたいなことを考えてしまうのだ。

じじむさいことこのうえなく、私のことを颯爽《さっそう》とした冒険青年のように思っている人には申し訳ないが、これが四十路《よそじ》探検の実情である。

しかし、飛行機が空に飛び立ち、しばらくすると、腰のことなんかすっかり忘れた。私たちはこれから謎の怪魚ウモッカを探しに行くのだ。見つけて、世界を震撼《しんかん》させるのだ。世界が震撼するんだから、腰痛なんてきっと一発で治るにちがいない。

「機内食ってこんな旨《うま》かったっけ？」

隣ではキタがガツガツと照り焼きチキンに食らいついていた。

クアラルンプールで小さめの飛行機に乗り換え、その日の晩、正確には翌日の午前一時、われわれはチャンドラ・ボース・コルカタ国際空港に到着した。カルカッタは最近、正式名称が変更され、「コルカタ」になっている。ちなみに、ボンベイは「ムンバイ」、マドラスは「チェンナイ」になった。植民地時代につけられた名前を払拭《ふっしょく》しようということらしい。

「ついに着いたな」私が言うと、キタも「おー、いよいよだな」といくらか上気した顔で言った。謎の魚に興味はないといっても、さすがに現地に着くと臨場感が湧《わ》いてくるようだ。

私はすでに感無量だった。

とうとう夢の怪魚探しがはじまるのだ。カルカッタからウモッカタウンまでは列車で一晩。列車の切符も、カルカッタに住むジェナさんの弟に依頼済みだ。

「オレはなんて幸せなんだろう」と思う。

おそらく、他人がこの探索に出かけ、自分はただそれを日本から眺めているだけだったら、死ぬほど悔しいだろう。ほんとうにウモッカを探すのが自分でよかった。

しみじみと実感しながら、安っぽい蛍光灯の灯《あか》りで白くくすんだような入国審査ロビーで、パスポートチェックの列にならぶ。

「いやあ、十五年ぶりの外国だよ。しかも、インドか……」キタが柄にもなく、期待と不安に満ちた口調でつぶやく。

「ま、大丈夫だよ。とにかく、オレが全部やるから。キタはあとからついてきて、オレをサポートしてくれればいい」

二十年の辺境経験を誇る私は、いかにも旅の先達《せんだつ》といった具合に、余裕綽々《よゆうしゃくしゃく》で答えた。「いやいや、心強いね」キタは素直に応じた。

私の番になった。イミグレカウンターの係官にパスポートを提出する。すぐ後ろにいたキタは別のイミグレカウンターに行ったようだ。

パスポートチェックは時間がかかった。係官がキーを叩《たた》くコンピュータは画面が緑のモノトーンという、日本ではもちろん、中国やタイでさえ見ない年代モノだ。

係官の仕事がこれまた異常に遅い。父親の名前を何度も何度も訊《き》く。カウンターに片肘《かたひじ》ついて、苛々《いらいら》しながらそれに答えていたら、係官は上司らしき人物を呼んだ。

上司は怪訝《けげん》な顔をしてパソコン画面に見入っていたが、やがて顔をしかめ、私をじっと見据えて言った。

「あんた、前に強制送還されたことがあるだろう」

ええっ！　私は絶句したが、彼はおかまいなく続けた。

「あんたはインド入国を禁止されている」

頭のなかでパチッと音がして、思考が停止した。ヒューズが飛んでしまったようだ。まさか、まさか、まさか……。

なんと、あの三年前の事件がコンピュータに登録されていたのだ。パスポートも変えてある。ビザ、すなわち入国許可証も出ている。だが、やっぱり名前と生年月日でわかってしまったようだ。日本人でブラックリストに載っている者自体が限られているということもあるのだろう。そして、父親の名前。インドはビザ申請のとき、父親か夫（既婚女性の場合）の名前を書かされる。よく憶《おぼ》えてないが、三年前、警察で取り調べを受けたときにもおそらく書かされたのだろう。

男中心社会に特有の無意味な因習だと笑っていたが、実は検索時のキーワードにも使われていたのだ。まったく気づかなかった。

「オレほど幸福なやつはいない」という頂点から一瞬にして奈落《ならく》の底だ。

相変わらず、頭は真っ白のままだ。視界に入ってくるものは見えている。鼓膜にも音声が届いている。だが、それらはみんな単なる電気信号のようで、私の脳に何の感情も引き起こさない。

こんなことがあっていいのだろうか。今まで四ヶ月に及ぶ入念な準備、熱心に応援してくれた人たち、費やした莫大《ばくだい》な金、そして何より自分の人生中盤における最大のイベントであり、まさに期待と興奮の理想形であるウモッカ探しを「禁止」されてしまった……。

こういう瞬間に何度立ち会えばいいのだろう。

古くは二十年前、十九歳のときカルカッタで全財産を失って路頭に迷ったときに始まり、十年前タイのイミグレでオウム真理教の手配犯と間違われて逮捕、ミャンマーに強制送還されそうになったとき、三年前、現地人に扮《ふん》して国境を越えようとして中国の公安に捕まったとき、ミャンマー北部のジャングルを二ヶ月も歩くはめになったとき、カルカッタの日本領事館で「懲役五年は覚悟しなさい」と言われたとき、そして今……。

こう数え上げると、「絶望」の半分はここカルカッタで起きていた。カルカッタはまさに鬼門だった。ここは避けるべきだった……。

キタは一足先に別のカウンターから中へ入ってしまい、姿が見えない。私はカウンター脇《わき》の椅子で待つように言われた。

「友だちに今の状況を伝えたい」といくら言っても無視されるばかりだ。三十分以上経って、やっとキタが入ってきたが、話をさせてもらえない。彼は五メートルくらい手前で他の係官にストップされている。係官の制止を振り切ってやっと叫ぶ。

「入国できないんだ！」

「え、じゃあ、どうなるの!?」キタも叫びかえす。

「わからん。とにかく、今は出られそうにない」

「え、マジ!?」

キタはもう少し何か言おうとしたが係官に連行され、外に追い出された。私は椅子に戻った。がっくりと肩を落とし、深い息をつく。

「予定は三ヶ月だがウモッカが捕まり次第帰るから、帰国は意外と早いかもしれない」と公言していたが、まさか自分本人が真っ先に捕まってしまうとは……。

人生、一瞬先は闇《やみ》……。そうとしか言いようがない。

何の説明もないまま、ずーっと待たされる。その間、ヒマそうな下っ端の係官たちと話をする。彼らはみなベンガル人で、ベンガル語を話す。英語が話せない人もいるので、試しにオリヤー語でしゃべると、意外なことにけっこう通じる。オリヤー語とベンガル語は思ったより近いらしい。こんなところでオリヤー語をしゃべってもまったくしょうがないのだが。

さっき、カウンターで私のパスポートをチェックして、上司を呼んだ係官がやってきた。中肉中背で紺のジャケットを羽織り、端整な顔立ちをした、なかなかインテリ然とした中年男性である。

意外なくらいにこやかで、親しげに話をする。インテリらしくけっこう知識も豊富だ。「日本は仏教だろう。私はあの思想が好きだ」とか、「チャンドラ・ボースはレンコウジというお寺に葬られたはずだが、お参りしたことがあるか」などと訊いてくる。

チャンドラ・ボースは第二次世界大戦のころインド独立運動の指導者として活躍したベンガル人だ。ガンジーらとは袂《たもと》を分かち同盟国側について、結局は当時日本領だった台湾で客死し遺骨は日本本土に送られた。ベンガルでは今でも英雄らしく、この空港も彼の名前が冠せられている。

しかし、よく、ボースが葬られた日本の寺の名前まで記憶しているものだ。他にも当時の政治状況を挙げ、「彼はほんとうに飛行機事故で死んだのか？　あれは暗殺ではなかったのか？　日本の歴史学ではどう考えられているんだ？」などと突っ込んでくる。

仲間がいるのは嬉《うれ》しいし、少しでもこういうインテリの係官を味方につけたい一心で一生懸命にこやかにしゃべった。彼は「大丈夫。君はきっとインドに入国できるよ」などというので、なおさら期待をかけたが、そのうち「日本の歌を知ってるか？」と妙なことを言う。

「そりゃ知ってるけど……」

「一つ歌ってみてくれないか」

私は絶句した。そういうことか。単なる好奇心なのか。腸《はらわた》が煮えくり返るのをおさえて答えた。

「……すまないが、今歌う気にはならない」

彼はうん、うんと頷《うなず》き、「君の気持ちはよくわかるよ」と言ったが、全然わかってなかった。その証拠に、「じゃあ、私に日本のお土産《みやげ》をくれないか」と言った。

インドに入国できないのに、インドのタカリに遭っている。しかも、私のインド入国を阻止した人物から。いったいどういうことなんだろう。

その後も、入れ替り立ち替り、こういう野次馬的な係官がやってきて、「どこから来た？」「あんた、何やったんだ？」と何度も何度も同じことを訊く。うんざりしながらも、心証を悪くしてはいけないと思って、いちいちちゃんと答える。

そのうち、ようやくイミグレ内に一つだけあるオフィスに呼ばれた。この現場では最もえらそうな人物から細かい尋問を受ける。周りを興味津々の係官たちにぐるりと取り囲まれる。

前回どうしてビザなしで入国したのかとしつこく訊かれ、「ミャンマーとの国境をやむを得ず歩いて越えた」とか「村人に助けてもらった」「場所はどこかよくわからない」などと苦しい説明をする。まるで三年前に警察に出頭したときにタイムスリップしたようで、「また逮捕されるのでは……」という恐怖に捉《とら》われた。

ビザなし入国した理由について訊くので、「西南シルクロードという古代の通商路があり……」と説明を始めたが、すぐに「もう、いい！」と遮られたのも前回と同様である。

「今回は何しに来たのか？」と訊かれたので、ここぞとばかりにウモッカ手配書を取り出して、係官たちに配布した。彼らはオリヤー語会話はなんとなくわかっても字は読めないので、ウモッカの特徴を説明した。

「体長二メートルくらいで、背中にびっしりと鋭いトゲが生えており、動物の足のようなヒレで……」

ウモッカタウンの漁村でするはずの説明を、なぜカルカッタのイミグレでやっているのか、もうわけがわからない。もっとも、係官たちはもっとわけがわからないようで、それこそ謎の生物でも見るような目つきで私を凝視していた。

テロリストやスパイなどの危険人物が表向きは魚の調査に来て、カムフラージュのために「WANTED!」と記された謎の魚の手配書をわざわざ千枚も印刷して持っている――とは、さすがに彼らも思わなかったようだ。

「あんたはライターじゃなくて研究者になるべきだったな」とボスは皮肉たっぷりに言った。

「こいつはバカだけど無害」というのがどうやら彼らの一致した感想のようだった。

ボスがあごをしゃくったのを合図に、私はオフィスの外に連れ出され、再び入国審査脇のベンチに座らされた。堅い椅子の上でひたすら待つ。「これからぼくはどうなるのか？」と訊いても誰も何も説明してくれない。昨晩は準備で一睡もしていないし、機内でも興奮が高じて眠るどころではなかった。そのうえ、このショックである。心身の疲労で朦朧《もうろう》としてきた。

午前四時すぎになり、一人の太った係官が私を手招きし、係官のロッカー兼当直室みたいな狭い部屋に連れて行ってくれたときにはほんとうにありがたかった。

折りたたみ簡易ベッドを二つ並べ、私は横になろうとした。その太った係官は英語がまったく話せなかったが、片言のオリヤー語＝ベンガル語と身振り手振りで、「食べ物や飲み物についてはオレが面倒をみるから心配するな」と言っていることがわかった。なかなか親切な人らしい。

だが、それがまた甘かった。彼は「オレがいろいろと便宜をはかってやる」というようなことを言い、二十ドルをかっさらった。さらに、彼は親切そうに、「何でもほしいものを言ってみろ。オレが持ってくるから」という。要するに、自分が一緒に飲み食いしたいだけなのだ。私は食欲もないし、喉《のど》もかわいていない。断ったがまだ諦《あきら》めない。というより、エスカレートしている。

「酒飲まないか？」とか「バングやろうぜ」などと言うのだ。

バングとは大麻のことだ。

『こんな夜更けにバナナかよ』という福祉ノンフィクションの傑作があったが、「こんな夜更けに大麻かよ」と言いたくなった。というか、夜更けだろうが真っ昼間だろうが、大麻を吸っていいわけがない。だいたいイミグレはそういうドラッグの類《たぐい》を取り締まる場所なのだ。そして、私は要注意人物として入国拒否されているのだ。

やはりここはインド。ハチャメチャである。

私がキッパリと断ると、でぶの係官は不服そうな顔をしながらもシャツを脱いで、寝る支度をはじめた。

彼の穴だらけのボロいランニングシャツが、ぶよんと突き出た腹の肉をかろうじて押さえながら揺れていた。きつい体臭がにおった。

突然、別世界にスリップしてしまったような気がしたが、もう何も考えることもできず、すっと眠りに落ちた。

第二日

翌朝、といっても三時間後の七時だが、ロッカールームに人が入ってきたので、いやおうなく起きる。喉が痛く、体の節々がいたくてだるい。微熱がありそうだ。昨日の飛行機は機内の空気が悪く、咳《せき》をしたり鼻水をすすっている人が多かった。そのときに私もカゼのウイルスをもらったのだろう。昨夜ショックを受けて免疫力が一気に低下したとき、ウイルスが活発化したのかもしれない。

誰も何も言わないので、イミグレ内の別のベンチに座り、またずっと待つ。

旅に出ると日記をつける習慣がある。当日の夜ではなく翌朝つけることにしているので、真新しいノートを取り出し書き始めるが、さすがに、旅日記初日の第一行が「人生、一瞬先は闇である……」というのは初めてだった。

文章を書くという行為はある程度物事を客観的に見ないとできないので、一時間もペンを走らせていると気持ちが落ち着いてくるが、反面、現在の状況があまりに異常なので、自分が客観的になると、まるで他人事《ひとごと》のような気がしてくる。もしかしたら、悪い夢でも見ていたんじゃないかという気すらする。だが、ノートから顔をあげてもやはりイミグレの中で、絶望的な状況は変化がない。

昨日親しげに話をしたあげく、「歌をうたえ」とか「みやげをくれ」とたかった、インテリもどきの係官がやってきた。ついさっきまで入国審査のカウンターに座ってパスポートにスタンプを押していたが、入国者が途切れたので、遊びに来たらしい。

性懲りもなく、またもや「きっと入国できるよ」と慰めつつ、「何か日本の製品を記念にくれ」という。

「これから長くインドを旅行するつもりだから、まだ不要なものは何もない」とつっぱねた。すると、腹が立つことに、手のひらを返して、「うーん、やっぱり、君は入国できないんじゃないかな。もう日本に帰ることになるよ」などという。

私はまだ入国という希望を捨ててなかったし、彼にあげる理由もないので「また、今度来たときにあげる」と断ると、「今、ほしい」と粘る。

「どうして、今？」

「だって、オレは夜勤が終わってもう家に帰るんだ。だから今」と平然としている。

ここはタカリ天国だ。よく見れば、まるまると肥えた人間が多い。カルカッタは相当にさびれているらしく、飛行機の便も驚くほど少なかったが（あとでわかったことだが、一日七、八便しかない）、係官の私腹を肥やすくらいには栄えているようだ。

係官たちは書類というより紙を一枚持ってオフィスを出たり入ったりしている。驚くことにカルカッタのイミグレオフィスにはパソコンがない。インドがＩＴ王国なんて大嘘《おおうそ》だ。書類を見ても、みな、わら半紙のような紙に、手書きか、せいぜいタイプで打っているだけだ。あと、どうして、みんな、ファイルフォルダーとか紙バサミみたいなものを使わず、紙をぺらぺらと裸で持ち歩くのだろう。

ときどき私のパスポートを持って、いろんな人間が出たり入ったりしている。誰がどこへ持って行き、何をしているのかわからない。ときには、昨晩、私に大麻をせがんだデブ係官が私のパスポートを持ち歩いていたりして、ゾッとした。

もっとも係官は悪い人だけじゃなさそうだ。

もう六十近いとおぼしき、白髪の係官が私のところにつかつかと近づき、デブ係官を指差して、「あいつに金やモノを与えたらいかんぞ。他の人間も同じだ。要求してきたら、はっきり断れ。ここではそんな行為は許されていない」と強く言った。

こんなマトモな人もいるんだなと思い、若干気分が明るくなったが、この老係官、私が座る椅子のすぐそばにあるトイレや水飲み場にやってくる度に、「まさか金やモノを渡してないだろうな？」と険しい顔をして言うので、こちらもうんざりした。なんで私が責められなきゃいかんのだ。「そんな行為が許されてない」のなら、そちらがきちんと対処すべきだろう。

それともここにいる限り、悪いのはみんな私なのか？

九時ごろ、キタが入国エントランスからやってくるのが見えた。

私も急いでそちらのほうに向かったが、キタはまたしても他の係官に止められている。

キタと係官が何か言い合っている。もちろん、英語でだ。

出発前、キタは「オレ、英語しゃべれるかな……」とえらく心配していた。彼はアメリカの大学の二年コース（日本でいえば短大）を卒業し、ロンドンでも半年ぶらぶらしていたことがあるから、本来英語は私なんぞよりずっとできるはずだった。だが、それから早十五年。英語はまったく使っていない。

「少し喋《しゃべ》ればすぐ思い出すだろう」と私は言ったが、本人は「いやあ、今は中学生レベルよ」と冗談っぽく笑いながらも目はかなり不安げだった。

しかし、今見るかぎり、かなりスムーズかつ自然に英語を話している。だが、私が驚いたのはその態度だ。

係官の目の前で入国審査のカウンターにだらっと寄りかかり、右手で頬杖《ほおづえ》をつき、左手は腰にあてている。で、ときどき「ハ？　アイ・ドン・アンダスタン、ワッチュアミン？（あ？　わっかんねえよ。どういう意味よ、それ）」などと、派手に手をふり、大げさに眉《まゆ》をしかめる。

メチャクチャ態度が悪い。まるっきり映画で見るアメリカの生意気な若者だ。すぐに英語を思い出すどころか、すぐにアメリカの学生時代に体がもどってしまったらしい。係官に対して失礼極まりない。私の心証まで悪くなりそうだ。

「おい、キタ、なんだよ、その態度は。いい加減にしろよ！」と怒鳴りたくなったが、彼も本能的にやっているようだし（日本では絶対にそんなことはしない。彼はすごく礼儀正しい）、私も偉そうなことを言える立場じゃ全然ないので我慢した。

やがて係官の肩越しに長い首をにゅっと伸ばし、キタがこっちに向かって大声で言った。

「で、どんな感じよ？」

「わからんけど、強制送還の可能性が高い」

それを聞くと、キタは「アッチャー！」と舌を出し、笑った。

まあ、笑うしかないよな……。

それだけ話すと係官がキタをせきたてて外へ追い出した。大げさに肩をすくめるキタの姿が小さくなり、やがて消えた。


昼頃、一人の係官に呼ばれる。荷物をもって後についていくと、そこは出発ロビーだった。いよいよ、強制退去かと思い、そう訊《たず》ねたが、彼は首をふり、「ここで待て。ここなら快適だ」というのみである。

出発ロビーは治安上の理由らしいが、イミグレ（＝警察）でなく、軍が管理していた。係官の姿はなく、兵士が銃をもって警備したり、乗客の持ち物検査をしている。兵士たちはさすがにイミグレ係官より規律があるようで、私に話しかけることもしない。

これでタカリの嵐《あらし》からは逃れることができたが、イミグレ係官との接触が完全に途絶えてしまった。キタとも連絡がとれない。

先行きが見えないまま、そのまま出発ロビーで待ち続ける。

ロビーはたしかに快適だった。椅子は大きく、前後の椅子を二つ合わせると、小さいベッドになった。体を丸めればなんとか寝ることができる。

昼の一時ごろ、一人の若者が弁当を届けにきた。食欲がゼロなので、「いらない」と断ったが、彼も職務を果たしたいらしく、熱心に押し付けるので受け取る。

開けてみると、機内食によく似ているが、微妙にちがう。どうやら機内食を空港職員用に作り変えた弁当のようだ。中味はカレーである。

食欲ゼロでありながら、カレーはすごく香りがよく、なんとなく口をつけたら、結局全部平らげてしまった。

カレーといえばスパイスが効いていて刺激が強いと思っていたが、それはどうも間違いのようだ。今まで食べていたのが安いカレーだっただけで、高級とは言わないまでもあるレベル以上のものは、辛さもほどほどでスパイスが複雑かつまろやか、食欲を刺激するが精神は落ち着くことがわかった。

さらに米がいい。いわゆるインディカ米（外米）だが、同じインディカ米でもタイ米とは全くちがう。インド米のほうがずっと細長くて軽い。

「インドの米はパサパサしてる」とも思っていたが、それは安い米を食っていたか安い食堂での炊き方に問題があったかで、ある程度以上のものはパサパサというより「軽やかな食味」でうまい。しかも胃に負担がかからない。

つまり、インド料理は体や心を病んでいる人にとって最適の食事であり、今の私にはこれ以上のものはないくらいだった。

カルカッタの空港には出発ロビーがここ一つしかなかった。それもそのはず、一日に出発する便がせいぜい七、八便しかないのだ。あとでわかったことだが、朝から午後一時くらいにかけて三、四便出たあとは、夜七時くらいまで一便もない。

一つしかないだけあり、ロビーは相当に広かった。国際線のロビーだから、いちおう広いトイレもあるし、コーラやコーヒーなどを売るスタンド、それに国際電話のブース、国内用の無料電話があった。

とにかく、日本の家族友人に連絡しなければと思う。おそらくキタから連絡はいっているだろうが、さぞかし心配しているにちがいない。だが肝心の金がない。いや、米ドルや日本円ならあるのだが、ドリンク・スタンドでも電話ブースでもインド・ルピーしか受け付けないという。

ロビーを統括していると思われる軍の将校に「換金させてほしい」と頼んだが、「インドに入国していない人間はダメだ」と却下された。いっぽう、国内用無料電話は壊れていた。まったく役に立たない。

しかたない。睡眠不足だし、熱っぽいので、椅子ベッドに体を丸めてうとうとする。

途中、一度だけ、イミグレ係官のちょっと偉そうな人がやってきた。

「日本でビザを発給するとき、インド大使館は何も言わなかったのか？」とイミグレのフロアで何度も訊かれたことをまた訊かれる。「何も言わなかった」と答えると、難しげな顔をして帰って行った。それだけだ。格別よい兆候とはいえないが、これで私の処遇がまだ完全に決定していないことが判明し、かすかな希望の光がともった。

夜七時ごろからフライトがぽつぽつと始まり、したがってその一時間前の六時くらいから乗客が入ってくるようになった。そのときだけ人であふれかえる。私は邪魔にならないよう、ロビーのいちばん奥の席にいるが、それでも椅子を二つ独占するわけにいかないので、起き上がって、ふつうの乗客みたいな顔で座っている。乗客たちは顔立ちも顔つきも千差万別だが、これから飛行機に乗って国に帰る、国を出る、別の国に行く……いずれにしても、どこかしら旅の高揚というものがあり、私の疎外感は深まる。

しばらくすると、あふれかえっていた乗客は搭乗ゲートにぞろぞろと消えていく。ロビーは空っぽになる。私も空《むな》しくなる。

その繰り返しは、まるで潮の満ち引きを見ているようだ。自分はひたすらそれを見守るだけで灯台守にでもなったみたいだが、彼らが出入りするごとに身が削られるような思いをするから、満潮ごとに波に洗われる岩とでもいったほうが正確かもしれない。

だが、出入りする便と私がまるっきり没交渉かというとそうでもない。

彼らが出て行くとまた椅子を合わせて寝る態勢に入るのだが、必ず空港職員――少なくともイミグレ係官ではない。航空会社の人間かもしれない――が無線を手にして走ってくる。

「おい、飛行機が出るぞ」と慌て顔で言う。私を乗客だと勘違いしているのだ。

「ぼくは乗らない」と答えると妙な顔をする。それもそのはずで、他には当分便がないからだ。

「あなたは何をしてるんだ?」と言うから、毎回「待っているんだ(I'm just waiting)」と答える。

「何を待っている?」

「わからない。ただ、待っている」

あとで知ったことだが、これは映画「ターミナル」で空港軟禁状態になったトム・ハンクス扮する男が繰り返し言うセリフとまったく同じだった。

空港職員は不審な顔のままだが、私が頑《かたく》なに出発を拒否していることは通じているので、眉をしかめながら去っていく。

もっとあほらしいこともあった。

夜も更けたころ、また乗客がざざーっと引き潮のように去った。フライトが出たようだ。また横になって眠りに落ちた。

しばらくしてイミグレ係官が走ってきた。私に向かい、「ユー、タカノ？　タカノ？」と訊く。私は飛び起きて「イエス、イエス！」と叫んだ。係官は「荷物をもってこい」と言う。

これは……！　と思った。もしかしたら、イミグレで再度尋問があり、もしかしたら、一発逆転で、入国オーケーとなるかもしれない……。

あわてて荷物を持って彼のあとを追いかけたら、ダッカ行きフライトの最終案内だった。よく見れば、係官じゃなく空港職員だ。

「ダッカ、ノー？（ダッカじゃないの？）」が「タカノ？」と聞こえただけだった。

拍子抜けして床にへたりこみそうになった。

不快なことに、ダッカ行きフライトは毎日必ず二便はあり、このあとも毎回ハッとさせられた。そのたびにあまりのばかばかしさに深く落ち込んでいった。

第三日

カルカッタ空港の朝は美しい。

大きなガラス越しに外が見える。黒い闇が灰色に、灰色が白に、それからものすごい時間をかけ、じわじわとオレンジがかって、しまいには靄《もや》のなかに飛行機や管制塔、そしてその向こうのジャングルがうっすらと姿をあらわす。

まさに巨《おお》きなものが目覚める――といったカルカッタ空港の夜明けだ。〝インドの大地〟という言葉がこれほどぴったりする光景はないが、あいにくこの大地は私を呼んではいない。お呼びでない。

ため息をつきながら、洗面所に向かった。顔を洗い、歯をみがく。誰もいないので（いても関係ないが）Tシャツを脱ぎ、濡《ぬ》らしたタオルで上半身をふいた。新しいTシャツに着替えるとさっぱりした。体はさっぱりするが、なにやらここでの生活が板についてきたような気もして、気分はどんよりしたままである。

午前中、やっと日本と連絡をとることができた。初日とは別の担当者（若い女性）が国際電話のブースについたので、「ドルで払えないか」と訊いたら、にっこり笑ってOKしてくれたのだ。

さっそく妻に電話する。彼女はキタから入国拒否され拘束中であることは聞かされていたが、「このまま強制送還され、金輪際インドには入国できない可能性が高い」と告げると「えっ！」としばし絶句していた。そこまでは予想していなかったらしい。数秒のタイムラグのあと、「……さすがにちょっとフォローの言葉がないね……」とつぶやくのが精一杯のようだった。

「こりゃ、ますます帰れないな」と思った。自宅に戻り、毎日妻と顔を合わせることを想像すると、それだけで気が重くなる。私は暗い顔をしているだろうし、妻は最初は私にすごく気をつかい、そのうち苛々してくるというのが目に見えるようだ。

「とりあえずマレーシアまで戻ってから考える」とだけ伝えた。

次に緊急連絡先にしている友人のオフィスに電話した。緊急連絡先とは、もともとウモッカが発見された場合に備えて設置したもので、そのついでに万一何か緊急な事件や事故が起きた場合にも対処できるようにしていたものだ。その万一がいきなり起きたわけだが、その友人を通じてキタの居場所がわかった。

当初宿泊する予定にしていた安宿にちゃんといたのだ。ガイドブックに電話番号が載っていたので、国内用電話で電話する。今日はちゃんとつながった。

「いやあ、たいへんなことになっちゃったねえ」と彼は笑いながら他人事のように言った。「オレはカルカッタを一週間くらいぶらぶらしてから日本に帰るよ」

もともとウモッカ不在説を唱えているというかウモッカに興味がないキタはそう続け、私としてもそれ以上、彼を引き止める言葉がなかった。実際、キタが一人でウモッカ探しに行ってもしょうがない。手配書もトゲ模型も、たまたまだが、みんな私の手元にあった。

だいたい、手配書などがあっても、彼に対処できるはずもないし、それを期待するのも無理というものだ。なにしろ、「オレについてくれれば万事オーケーだから」と口説いて来てもらったんだから。

今日は午前中からロビーは静かだ。考えてみれば、一日七、八本しか便がないなんて、ほとんど過疎地のバス停である。がらんとしていて、軍の人間がテレビでクリケットを見たり、トランプをしたり、昼寝をしているだけである。

空調は効いているし、静かだし、快適だ。食事も規則正しく出る。ミネラルウォーターは支給されるが、他の飲み物は飲むことが許されていない（現地通貨がないだけだが）。しかも外との連絡が途絶えている。

「まるであの病棟みたいだ」と私は思った。若い頃、投薬試験のアルバイトをしたことがある。新しい医薬品開発の過程で薬に副作用がないかどうか、健康な人間でテストする。その被験者になるという仕事があるのだ。被験者は外界から完壁に隔離された病棟で五日間ほどを過ごす。快適だが、飲食物は厳しく管理され、外へ出るのはもちろん、他の病棟へ行くことも禁じられている。二日もすると、現実感が薄れ、頭が朦朧としてきたものだ。

今回はそれ以上である。自分がどこにいるのか、何をしているのかもわからなくなってきそうだ。

そう思いつつ、うとうとしていたら、黄色い一枚衣まとった坊さんが突然ふらっと入ってきた。足はサンダルで布の肩掛けかばんを下げている。

おいおい、お迎えはまだ早いよと夢うつつに思ったら、同じスタイルの坊さんがぞろぞろやってくる。ぞろぞろぞろぞろ、エンドレスでやってくる。その数、百何十人。さっきまで空っぽだった出発ロビーが坊さんで埋め尽くされた。まるで、CG（コンピュータ・グラフィックス）を見ているようだ。

坊さんたちはわいわいがやがや楽しそうで、中にはカメラやビデオを取り出し撮影している人たちもいる。

「ねえ、写真とってとって！」

「はい、いい？」

「なんか、スターになったみたいだな、ハハハ」

「もう一回、もう一回！」

すごくシュールである。

そこで気づいたのだが、この坊さんが話しているのはタイ語だった。どうもタイの坊さんのツアーらしい。仏教徒にとって最大の遺跡ブッダガヤはここカルカッタが最寄の国際空港である。

そのうち、「ご飯だ、ご飯！」と誰かが叫び、坊さんたちが口々に「飯だ、飯だ！」「飯だ、飯だ！」とざわめいた。

え、いったいどうして？　出発ロビーでどうして飯を？　これから飛行機に乗るんじゃないのか？

私の疑問をよそに山のような弁当の箱が運び込まれ、坊さんたちはそれを奪い合うかのように取り、椅子の上にあぐらをかいて、がっつきはじめた。

全部黄色の衣一つの坊さんたちが出発ロビーでいっせいに飯を食っているというのもシュールであった。

そこでやっと気づいたのだが、時計を見たら、十一時半。そうか、そういうことか。タイやミャンマー、カンボジアなどの上座部仏教では、坊さんは午後は食べ物を口にしてはいけない。だから、飛行機に乗るまえに一日の最後の飯を絶対に食わなければいけないのだ。タイの空港や飛行機でもそういう配慮があると聞いたことがある。

その二十分後、彼らはぞろぞろと飛行機に向かい、あっという間に姿を消した。あとには大量のプラスチックの弁当箱が残された。大きなビニールのゴミ袋が用意されていたが、とても入りきらないので、米やカレーがついたまま、そこらじゅうに放置されている。

私はそのなかでたった一人、夢でも見ていたかのように呆然《ぼうぜん》としていた。

坊さんの団体が去った昼下がり、不意に「仲間」がやってきた。私と同様、入国できずに拘束されている外国人だ。

彼はまだ二十《はたち》かそこらの若者だった。英語は話せないが、ベンガル語とオリヤー語のやり取りでなんとか意思は通じた。バングラデシュ人で、ダッカから来たという。

聞けば、「サウジアラビアのジェッダに出稼ぎに行くところだったのだが、サウジのビザはあるけど、チケットはインドまで。でもインドのビザがない。だからジェッダには行けないし、インドに入国することもできない。これからダッカに送り返される」ということだった。

昔、アフリカのガボンのイミグレで同じように拘束されていたことがある。そのときも、セネガルやスーダン、カメルーンなど近隣諸国から来たわけのわからない連中と一緒になった。ビザがないどころか、スーツケースの中にはパスポートとボールペン一本しか入ってないという凄《すご》い奴《やつ》もいた。それを思い出した。

どうしてこういうトンマな奴がいるんだろう。国家とかビザとか、そういう基本的なことが何にもわかっていない。……とはいうものの、私だってかつてビザなしで入国して強制送還されたうえに、今再び強制送還を待つ（たぶん）身だ。傍《はた》から見ればトンマさ加減は変わらないはずで、だいたいこうして一緒にいること自体、同類の証拠である。

バングラ青年は、何事にも不慣れな様子でいちいち私を見習っていた。

弁当が運ばれてきたとき、私はいつものように対面の椅子をざーっと引き寄せ、それをテーブル代わりに弁当箱を開けたら、青年も「あー、なるほど！」という顔で同じように前の椅子をざーっと引いて、同じように食べ始めた。

食べ終わると箱を下に置き、米粒を手ではらい、対面の椅子をさらに引き寄せ、べッドにしたら、またしても「あー、そうするのか」という顔で同じことをした。まるでコントのようだ。

こうして、洗面所で顔を洗ったり歯を磨いたりするのにもいちいち後ろをくっついてきた。

弟分ができたようでちょっと嬉しかったが、ダッカ行きの便は多く、彼はその日の晩にもう旅立ってしまった。いや、帰っていった。

カルカッタ行きの飛行機代とサウジのビザ代はバングラの庶民である彼にとってたいへんな金額だったにちがいない。おそらく、親戚《しんせき》縁者に借りて、いろんな人のコネを頼って出稼ぎに出ようとしたのだろう。家族の期待も背負っていたはずだ。それが全部水の泡となり手ぶらで帰宅とは、哀れにもほどがある。だが、彼は最後まで不思議なくらい淡々としていて、かすかに微笑《ほほえ》んで私と握手すると、静かに去っていった。

私は日がな一日、「これからどうなるんだろう?」と考えていた。万事休したと確信しつつも、「なんとかなるんじゃないか」という希望も捨てきれないでいた。

今までの経験から言うと、「もう絶対ダメだ!」という状況は、十回に八回くらいはなんとかなる。実際、私は絶体絶命と思われたピンチに陥りつつ、自力というより単なる幸運から、何度もそのピンチから脱出していた。今回も「もしかしたら……」と期待するなというほうが無理だろう。

だが、冷静に考えると、入国禁止の烙印《らくいん》が押されている人間が一転、入国できるようになるという道理はなく、かすかな期待も一瞬で消える。でも、「ビザがあるんだし、まだわからん」と期待を戻し……と、その繰り返しである。

今回入国ができなくても、なんとしてでもインドに入らなければいけない。どうしたらインドに入れるのかといろいろ考える。「どうか、インドに行かせてください」と神に祈ったりもする。しかし、その私の目の前に広がるのはインドの大地であり、もっと身近にはインドのメロドラマを見てはキャアキャアはしゃいでいる女性兵士や、チェス盤に向かって立派なヒゲをいじくりながら次の一手を考えている男性兵士なんかがいる。ここがインド以外のどこであろう。そして、インドにいながら、「インドに行きたい」と切に願っているとはどういうことか。

頭がおかしくなりそうだ。

あまり考えてもろくなことがないので、一日の大半を読書で費やしていた。今回の旅行は移動が少ないと思い、文庫本を十冊も持ってきていた。それが皮肉にも役立った。

読んだのは『三国志演義』の四〜六巻とか『聊斎志異《りょうさいしい》』の下巻とか『里見八犬伝』の一、二巻とか部分部分なのだが（並行読書の癖があるので、こうなることが多い）、なぜかインドとは無関係の、旅に持っていくのにもふさわしいとはいえない中国と日本の古典ばかりだ。

そう言えば、前回カルカッタでにっちもさっちもいかず、安宿で事実上缶詰になっていたときはシドニー・シェルダンのペーパーバックをひたすら読んでいた。

あまりに遠い世界の話に浸っていると、現状を忘れることができてよい。そのうちだんだん、ウモッカ探しのほうが「いったい何のことだっけ？」というくらい遠い話のような気がしてくる。

先の三つの本は、大きな共通項がある。どれも人智《じんち》の及ばぬ世界や、人間にはどうにもならない宿命を描いていることだ。

そんな本に浸っていると、私も悟りの境地に達しそうになる。

「生も死も表裏一体、天が運を定め、人の一生も流れる川のごとし、富貴も名声も一時の徒花《あだばな》なのだ」――。

なんて思いきや、文中に「鮫《さめ》」という文字を見ただけで傷口に指をぐいっとつっこまれたようにビリビリビリと電気が走った。ウモッカはまずサメに似ているという話だからである。

荷物をごそごそやっていて、モッカさん作製のウモッカTシャツを発見したときには激しく動悸《どうき》がした。

いかん。ウモッカがトラウマになっている。PTSD（心的外傷後ストレス障害）とでもいうか。でもPTSDは何か重大なことを体験し、それが傷になって起こるもので、私はウモッカを体験していないというか体験しそこなったわけで、それにトラウマを抱《いだ》くというのはなんと呼べばいいのか。

まあ、そんな難しく考えることは何もなくて、今の気持ちは「失恋」に近い。それも「大失恋」。ウモッカの絵やそれに関係することを見聞きすると胸が苦しくなるというのも、好きだった人の写真や名前を見聞きしたときの反応と思えば腑《ふ》に落ちる。

あー、オレはウモッカに恋してたのか……。

第四日

拘束が長引いている。理由はわからない。マレーシア航空は全然来ない。毎日のように便があるのかと思い込んでいたが、そうでもないらしい。なにしろ帰りの飛行機のことなど、以前は眼中になかったので、それを確かめることすらしなかった。

イミグレとしては私を強制送還するという方針がすでに決定しており、あとはマレーシア航空の便が来るのを待っているだけかもしれない。

しかし、まだ問題が片付かず紛糾しているという可能性もあった。というのは、私はビザを持っているからだ。

ビザというのは「入国許可証」の意味である。私は日本のインド大使館が正式に発給したビザを持っているが、イミグレのコンピュータには入国禁止となっている。イミグレは警察の管轄であり（あとで知ったことだが、警察は内務省に属するらしい）、大使館は外務省だ。つまり、警察から外務省へ私のことは何も報告されていないのだろう。官僚機構の間ではありそうなことだ。

つまり、私は二つの巨大な官僚機構間のクレバスに落ちてしまったわけで、困っているのはイミグレの人間も同じだろう。その証拠に、まだ入国審査のところにいたときに何度も係官が「どうしてビザが出たのだ？」と訊きにきたし、出発ロビーに移送されてからも一人の係官がやってきて「ビザはほんとうにふつうに出たのか？」と確認にきていた。

イミグレとしてもどう処理していいかわからず、まさに映画「ターミナル」の世界だ。そこに私は一筋の光明を見出《みいだ》していたが、しかし、問題が片付かないまま、拘束が延々と続くのも嫌な話だった。

キタに再び電話すると、「カルカッタはうるさいしもう飽きた。せっかくだから、ウモッカタウンへ行ってみる」という。

嬉しいような悔しいような複雑な心境だ。キタが行ってくれれば私がインド入国に成功した暁には再会を果たして、一緒にウモッカ探しに取り組める。つまり、今回の大失態は「あのときは大変だったよなあ」という笑い話になり、何事もなかったかのように調査活動ができる。

いっぽう、キタは現地でいろいろなファーストインパクトを受けるはずだ。中には辛《つら》いものも多いだろうが、それがほかならぬ「現地」の醍醐味《だいごみ》なのだ。先に行ったものだけがそれを味わえる。私が後から行っても全部二番煎《にばんせん》じということになる。それは悔しい。

そしてもっと恐ろしいことは、キタがウモッカを発見してしまうことだ。

ウモッカはもともと現地では平凡な魚である可能性があるのだ。別にぶらぶらして網を覗《のぞ》いたり、漁師に訊いているうちに「あ、あった!」となっても不思議じゃない。

というより、そういう可能性に私は賭《か》けていたのだ。キタに世紀の発見を横取り（でも何でもないが）されたら、嫉妬《しっと》でくるってしまいそうだ。

私が本格的なウモッカ探しに乗り出すことを知り、UMAサイトの常連から「行かないで」と悲鳴があがったりしたが、今から思えば、あの人たちは私よりよほど寛容な人たちだった。私は自分がわざわざ頼んで同行してもらった盟友キタを本気で妬《ねた》んでいるのだ。この心の狭さは尋常ではない。

この日、いつものまどろみから目覚めると、何かがちがうことに気づいた。

今日がちがうのではなく、カルカッタ空港に拘束されるようになってから、何かがちがう。

何かって、そりゃ、ここに拘束される前と後では何もかもがちがうのだが、そういう生活や精神のレベルではない。もっと根本的というか、体の奥深いところがちがうというか……。

そこで初めて気づいた。

腰が軽い。腰痛がすごく和らいでいる。ほとんど気にならないくらいだ。腰痛がとれたせいか、背中や肩の凝りまでほぐれている。

一体全体どういうことだろう。ここに拘束されて以来、寝ているか座っているかで、運動どころかほとんど歩いてもいない。なのに、あのしつこくて重い腰痛が治ってしまうとは？

これぞインドの神秘か!?――とも思ったが、なんせ入国してないんだから、神秘も届かないだろう。

となれば、心当たりは一つしかない。寝方である。あまりに「入国できるかどうか」「これからどうするか」ということに集中していたので気づかなかったが、思い返せば、拘束の二日目から次第に腰の痛みが薄れていたように思う。やはり、寝方に関係しているとしか思えない。

私はふだん、体をピンとまっすぐにして仰向けに寝る。しかもほとんど寝返りを打たない。まったく打たないわけじゃないだろうが、寝返りを打った記憶がここ十年くらいないし、いつ目覚めても体が「仰向け、まっすぐ」になっている。腰は常にぺったりと下についている。

ところが、こちらに来てからは、椅子を二つ合わせた簡易ベッドなのでたいへん狭い。体を丸めて胎児のように寝ている。当然、腰は丸くなっている。こんな寝方をしたことは近年ない。

そうか。「仰向け、まっすぐ、寝返りなし」の姿勢がものすごく腰に悪かったのか。どうしてこんな寝方になったのかというと、三畳間暮らしと寝袋睡眠のせいである。

私は二十代の八年間は三畳一間のアパートで暮らしていた。ひじょうに狭いので、布団など敷けないし、布団を持ってもいないので毎日寝袋で寝ていた。寝袋というのは、体をまっすぐにしないと眠りづらい。横向きにもなりにくい。部屋が狭いから体をまっすぐにしなければならないという事情もあった。仰向けオンリーだと、寝返りも打つ必要がない。

三十歳のとき三畳間から脱出し四畳半に移ったが、やはり寝袋使用で、それは結婚するまで続いた。

それが癖になってしまったのだ。今はふつうの布団に寝ているが、あいかわらず仰向けでまっすぐ伸びている。横向きでは寝ない。そして、寝返りを打つことがほとんどない。夜でも昼寝でも、いつも直立不動に近い状態で寝ているため、妻が驚いていたくらいだ（愚かにもそのときは寝相がいいことを自慢していた）。

海外辺境の村やテントでも、横に狭いところはよくあって、お得意の仰向け、まっすぐで寝ていたが、縦に狭い場所で寝ることはめったにない。

たぶん、これが腰や背骨にひどい負担をかけていたのだろう。

整体院で「あなたの腰はそれほど悪くない」というのに、いっこうに治らないという理由もこれなら納得がいく。だって、たかだか三日ばかり横向きに寝ていたらよくなってきたのだ。それほどひどいものであるわけがない。

だが、ふつうに暮らしていたら、日本にいようがウモッカタウンにいようが、仰向け、まっすぐの姿勢で寝ていたはずで、謎の腰痛はこのままずっと謎のままで、ややもすれば一生の宿痾《しゅくあ》となっていたかもしれない。腰痛の原因が寝方にあるなんて思いつきもしないからである。

ウモッカの謎より先に腰痛の謎が解明されてしまった。

何もいいことがない入国拒否と空港拘束だが、唯一の収穫が深刻な腰痛の治癒《ちゆ》とは、ほんとうに人生はわからない。

四日目を迎え、イミグレの人間は誰も来ない。いったいどうなってるんだろう。

だが、拘束が続くかどうかというのは私が考えてもしかたのないことなので、強制送還された場合のことを考える。こっちのほうが確率が圧倒的に高いわけだし、自分で行動を決めねばならない。

選択肢はいくつかあった。

まず、マレーシアのクアラルンプールまで強制送還され、そこで降りる。そして、陸路の国境からインドに入国する。

今回のトラブルの原因は、イミグレのコンピュータにある。全国の空港はどこでもコンピュータがあり、私のパスポートはひっかかる。しかし陸路国境はまだコンピュータが導入されていない場所があるような気がした。インドはＩＴ大国などと言われているが、それはあくまでソフトウェアの話だ。インド人は論理にむちゃくちゃ強いのでソフト作成には能力を発揮するが、論理を実行する意欲はうすいようだ。

インフラの悪さは空港の国内電話がごくたまにしか通じないのを見ればわかる。ロビー内に飲料水の給水機を設置するときの異常な手際の悪さにも驚かされた。男女五人もの職人がレンガの土台を作るのに丸二日もかかっていた。ふつうの国なら、二人の人間が二時間もあれば終える作業だろう。

イミグレのオフィスにもパソコンはなかった。入国審査で私を止めたコンピュータも画面がモノクロ（緑色）の骨董品《こっとうひん》ものだった。それから考えると、ネパールやバングラデシュの陸路国境には期待がもてた。

だがそれはギャンブルである。行って見なければわからないのだ。だって、そうだろう。いくら、ありとあらゆる情報があふれている現代社会だって、インドの陸路国境のイミグレにパソコンがあるかどうかなんて情報はどこにもない。通過する人間だって、そんなことをふつういちいち気に留めない。

もし無事に通過できればよいが、パソコンがあってバレたら目もあてられない。また追い返されるだけならいいが、辺境の公安というのは下っ端なので何をするかわからない。上の指示を仰ぐために私を順繰りにより大きなイミグレ＝警察へ送り、最後には首都デリーまで行ってしまうかもしれない。

また、前回のトラブルだけでなく、今回のトラブルまで記録されていれば、今度こそ「明らかに密入国とわかっていながら、またそれを試みた」という結果になり（まあ、ほんとうなのだが）、本格的に逮捕→裁判→懲役という最悪のケースも考えられる。

前回も同じ最悪のケースを日本領事から伝えられたが、それについてあとで妻はこう言った。

「懲役五年とかになったら、たぶん最初の一、二回くらい差し入れに行くだろうけど、正直言って、二年もすればだんだん自分の生活が変わっていくし、だいたいどうして私がそんなことしなきゃならないんだと思って、他の男を見つけてあんたのことは忘れてただろうね」

　もっともと言えばもっともな話であり、そうなると困る。というより、こういう言葉を聞くとインドで懲役を喰《く》らう深刻さをリアルに実感するのである。

　常識的な手段としては、日本に帰り、日本のインド大使館にかけあうという案もあった。ビザを発給したのに入国できなかった、あるいは入国できない人間にビザを発給したのは明らかに大使館側のミスだから、そこに交渉の余地を見出すというものだ。

　だが、そんなことが速やかに行われるのだろうか……。

　ここまで考えてため息をついた。

　日本に帰りたくない。

　どんな顔をして知り合いに会えばいいのか。こんなマヌケな結果を誰かと話すたびにいちいち説明しなければならないのか。

　いっそ、別の国に行くか――。

　インドはすぐに入国するのが難しい。でもウモッカは海の魚だ。目撃されたのがたまたまインドのウモッカタウンだったわけだが、同じベンガル湾に面した国の浜辺で水揚げされてないとは限らない。なにより、その「同じベンガル湾に面した他の国」はバングラとミャンマーだ。

バングラはもともとインドと同じ国だから、そもそも海の魚を食べない人たちのはずだ。インドと同じ理由で今では食べるようになっているだろうが、とても研究されているとは思えない。それから、日大の谷内先生はバングラの海岸でサメが水揚げされているのを見たことがあるという。サメを獲《と》っているのならウモッカも混じっている可能性大である。

そして、ミャンマー。この国は魚に限らず情報がない。外国人研究者を極力排除しているからだ。この国も伝統的に海の魚を食べないと聞いている。多数民族のビルマ族がもともと内陸部の出身であることと関係があるらしい。となれば、やはり海魚の研究などやっていそうもない。

ミャンマーにはもう一つ利点がある。私は片言に毛が生えた程度だがビルマ語で会話ができる。地元の人間への聞き込み調査くらいなら問題がない。通訳を雇ったりとか、面倒なことがない。それからミャンマーの人は朴訥《ぼくとつ》なので、インド人のような駆け引きや利益誘導をしないと知っている。というより、私がミャンマーという国をよく知っているのが大きい。

しかし。理屈ではそうであっても、なかなかインド以外の国に行く気にはなれない。今回は失恋である。大失恋である。失恋したときに「まあ、他にもいい子はたくさんいるよ。紹介するから」と言われることはよくあるが、とてもじゃないがそんな気にはなれないものだ。同様に「インドがダメなら他の国で」とは簡単に気持ちが切り替えられるわけがない。

やっぱりインドになんとか入国するしかない。何か手はあるはずだ。

……と、話は元にもどる。失恋した男がどうしても諦めきれず何度も電話やメールをしたり、しまいにはストーカーになってしまう心理にもよく似ていた。それは非常識だからとか非社会的だからではない。

「世の中頑張ればなんとかなる」「努力したものは報われる」「真心は必ず通じる」というふうに子どもの頃から学校や家庭で、長じては社会人になってからも常に職場や仕事先で教えられているがゆえにそうなるのである。常識や社会道徳にとらわれているからこそ起こってしまうのだ。

なんてことをつらつら考えたりもしながら時間がすぎていく。

午後十二時を回り、この日も終わった。

そう思ったときである。

無線を持った空港職員がつかつかと近寄ってきた。いつもは出発間際に走ってくるが、今回はまだ乗客がロビーに集まりだしたころだ。

「あなたはミスター・タカノか？」

ちゃんとミスターがついているから、今度は私のことにまちがいなさそうだ。

荷物を持ってこっちへ来いと言うので、あわててザックを担いで付いていく。彼はイミグレ係官ではなく空港職員だし、今が真夜中だということはわかっているのだが、「もしかしたら入国できるのかも……」という淡い期待がちらっと頭をかすめる。

だが、連れて行かれたのは搭乗口で、そこには「マレーシア航空クアラルンプール行き」という表示が出ていた。

あー、やっぱり、帰されるのか。わかってはいたが、またショックの波が襲ってきた。

前回の強制送還のときは、パスポートが機長預かりだった。「逃げ出さないように」という配慮なのだろうか。飛んでいる飛行機からは逃げようもないのだが。

今回はちゃんとパスポートが私に手渡された。インドのビザの部分を見たら、スタンプも書き込みも何もされてない。

前回はパスポートに「この者はビザを持たずに入国したため強制送還に付す」というボールペンの殴り書きがされていた。おかげで、インドはもちろん、アメリカや中南米諸国にも行くことができなかった。アフリカや中東諸国も同様である。どこかの国で強制送還を受けた履歴があればアメリカに入国できない。政情が不安な中南米や中東、アフリカ諸国でもそういう国が多い。

そうでない国にしても、行ってみないと入れるかどうかわからないというのでは話にならない。おかげで、この三年間、多くのチャンスを逃したものだ。

今回もし、ここに何か書かれていたら非常に面倒だった。まず陸路国境突破はもちろん、いかなる方法でもこのパスポートでインド入国はもう不可能だったろう。

でも、これならまだ何とかなりそうだ。パスポート上では何もなかったと同じだ。よし、まだなんとかなる。諦めるのはまだ早い。

私はパスポートを見ていったん日本に戻ることにした。これならインド大使館とかけあえそうだし、それがダメなら陸路国境突破も考えられる。

「荷物はナリタまで」と空港職員に言った。

私は飛行機に乗り込んだ。

「I'll be back!」と誰ともなく告げて。気分はターミナルマン改めターミネーターなのだった。

第三章　極秘潜伏

「一時帰国」

十二月十七日の晩、私はクアラルンプール経由で成田空港に到着した。間違っても「帰国」ではない。あくまで「一時帰国」である。実際、私は何度も、クアラルンプールで〝途中下車〟したいという衝動にかられた。マレーシアからネパールに飛んで陸路国境を目指したいと思ったのだ。あるいは、いったんバンコクに出るという方策も考えた。バンコクには友人もたくさんおり、国際都市なだけにいろいろな道が模索できそうな気もした。

だが、総合的に考えると、東京には友人だけでなく家族もおり、こちらだって国際都市だし、なにしろ母国なだけに言葉もよく通じる。もっといろいろな道が模索できそうな気がして、東京を選択したのである。

成田では人の荒《すさ》んだ気持ちを逆撫《さかな》でするような行為にさらされた。検疫では「過去二週間に訪れた国を書け」という指示があった。税関でも「どちらの国に行かれたのですか？」と訊《き》かれた。

誠に無神経な質問というほかない。

申し訳ないが、私はどこの国にも行ってないのだ。五日間も無国籍地帯を浮遊していただけなのだ。だが、正直にそんなことを言うと、「ちょっと待て」と止められる可能性がある。もう空港で止められるのはまっぴらごめんなので、「マレーシア」とウソをついて出てきた。

外は寒い。私が日本を出たときと同じだ。たった五日しかたってないのだから当然だが、なんだかすごく久しぶりのような感じがする。

リムジンバスとタクシーを乗り継ぎ、へろへろになって自宅にたどりついた。

私がインドですったもんだしたなんて事情をまったく知らない愛犬は単純に喜んでいたが、事情を知っている妻は半ばウンザリといった表情だった。

「明日はほんとは愛玩《あいがん》動物飼養管理士一級の試験だったのよ。でも、あんたが捕まって、なんだかんだで結局帰ってくるっていうから勉強もできなかった。まったく、はた迷惑な話よね」

ため息まじりに言われると、返す言葉もない。

妻は「犬」をテーマの一つとして文章を書いているライターだ。趣味と実益を兼ねて昨年、愛玩動物飼養管理士二級の資格をとった。

「爬虫類《はちゅうるい》はストレスに弱いので極力さわらないように」とか「日本ではキリンまではペットとして認められるがゾウは認められない」とか、なかなかマニアックな知識に彩られた資格のようだが、その管理士の「犬に対する心構え」というのが立派だ。

曰《いわ》く、「一貫した厳格な愛情をもって犬に接すること」。

これを教えてくれたとき、妻はこう宣言した。

「今後は、あんたについても、この心構えを適用するから、よく心得ておくように」

この日も存分に一貫した厳格な愛情が適用されていた。泣き言や甘えは一切許されない雰囲気ながら、居間には土鍋《どなべ》がふつふつと白い湯気を立てていた。

「インドから帰ってきたらきっと寒いだろうと思って、あったまるものを用意しといたのよ」と彼女は言った。

実はインドでは一歩も外に出なかったから温度差なんて関係ないのだが、やはり、こういうときは、気分的にも鍋だろう。感謝するより他はない。

ビールを飲みながら鍋をつつくと、生き返った気分で、これが「一時帰国」ということも忘れそうなくらいだ。まだまだ道は険しいのだが。

いつもは日本に帰れば、とりあえず、友人知人に帰国の報告をするのが習慣だが、今回はそういうわけにはいかない。

前にも言ったが、あまりにも大見得《おおみえ》きって出かけてしまったので、期待する人にあわせる顔がない。ウモッカが見つかると期待していた人は少ないかもしれないが、「高野ならきっと面白いことをやってくれるにちがいない」と期待していた人は多いはずだ。

逆に何も期待していないとか、むしろ「愚かだね」と冷笑していた人、「いい歳《とし》してそんなことやめた方がいいよ」とまじめに忠告してくれた人も多少はいた。「失敗すればいいのに」と祈っていたUMAファンもいたことだろう。そんな人たちにはなおさら知られたくない。

なにしろ、失敗どころか現地まで行きつけなかったのである。

今までは、なんだかんだ言いながら、最後までやることはやっていた。今回みたいな、試合に挑む前に計量に失敗して失格になったプロボクサーみたいなのは初めてだ。

こんな失態は断じて明かすわけにはいかない。辺境ライター生命にも関わる。あらためて固く決意した。

「早くインド再入国、というか入国の目処《めど》をつけて日本を出る。それから、おもむろに『実は……』と公表しよう」

こうして前代未聞にしてバカバカしさの極致ともいえる「日本極秘潜伏」が始まった。

最初はほんとうに誰にも知らせないつもりだったが、そういうわけにもいかない。自分の両親には伝えることにした。それから、ごくごく親しい友人、ほんの三人ばかり。インド再挑戦のために、インド方面に詳しい知り合いにも相談しなければいけない。そして、一握りの編集者の人たち。進行中の新刊の校正や帯などについて連絡をとらねばならない編集者や、原稿をインドから送ると約束していた編集者がいた。そういう人たちには業務報告をしなければならない。事実をしゃべらないでいるのはともかく、ウソをつくのは気がひけたので、結局彼らには正直に話すよりほかはなかった。

そういう人たちにはメールや電話でこう言った。

「高野秀行、恥ずかしながら戻って参りました。小野田さんは遅すぎたのですが、私は早すぎたのです」

小野田さんとは戦後三十年してフィリピンから帰還した小野田少尉のことで、彼が日本に戻ったときこの名セリフを吐いたのだ。と思っていたら、実は「恥ずかしながら」は小野田さんじゃなくて横井さんのセリフだった。恥を最小限糊塗《こと》するための渾《こん》身《しん》のギャグも恥の上塗りになった。

電話すると、誰もが「えーっ！」と驚愕《きょうがく》した。この人がこんなに驚くところを見たことがない、というのも二回ばかりあった。

ただ、まあ、先のギャグを発すると、みなさん笑ってくれたのがせめてもの救いだった。同情されるのがいちばん辛《つら》いからだ。

とにかく、みんなに気づかれる前になんとか日本を脱出し、インドへ入る必要がある。

方法は二つある。一つは、インド大使館にかけあうという直球勝負。

もう一つはネパールからコンピュータのない陸路国境を越えて入国するという変化球勝負。これは厳密には「非合法」であるから、変化球というよりボールにツバをつけてヘンな回転をつけるスピットボールにも近い反則投球でもあるが、なにしろ辺境ライター業存亡の危機である。試さないわけにはいかない。

まずインド・ネパールへよく行く友人に国境の状態を訊いたところ、「インド・ネパールの国境は、前回行ったときはもうすごい簡単なチェックポイントでしたよ。あれは絶対パソコンなんてなかった」と言う。だが、それがいつのことか質《ただ》すと「うーんと、五年前」という返事だった。

私が子どもの頃の五年前は「ちょっと前」くらいだったが、今の五年前は「大昔」を意味する。これでは全然わからない。特にここ数年、ネパールでは毛沢東主義ゲリラが跋扈《ばっこ》し、それがインド側にも飛び火している。以前のようにのんびりした感じはなくなっている可能性大である。

それにインド・ネパール国境といってもどうやら全部で最低十ヶ所はあるようだ。そのうち、外国人が通れていちばん寂れた国境を探すのも難しい。

ネットでいろいろ検索していくと、あるバックパッカー系の旅行情報サイトに行き当たった。思い余って、情報交換の掲示板にこんなことを書き込んだ。

「インドのビザはあるのですが、事情があって、イミグレのコンピュータに入国禁止とされてしまっています。しかし、どうしても早急にインドへ行かねばならぬ重大な事情があります。どなたか、インド・ネパール間の国境でオフライン、つまりパソコンが導入されていないポイントをご存じの方がいらっしゃれば教えてください」

もちろん、投稿者名は仮名である。

すると、まもなくして、返事があった。「お、もう手ごたえが！」と思いきや、サイトの管理人からで「当サイトでは不法入国の情報交換を許すわけにはいきません。もし、重大な事情があるのなら、インド大使館に相談すべきでしょう。この発言は削除させていただきます」というものだった。

焦るあまりやってしまったのだが、たしかに管理人さんのおっしゃるとおりでまずかった。しかも、そのときやっと気づいたのだが、このサイトは私が日頃お世話になっている人が立ち上げたものだった。私は平謝りに謝って削除してもらった。ほんとうにいくつになってもバカのまんまだ。

サイトの主宰者の人にも相談しようと思っていたのだが、この一件で恥ずかしくてできなくなってしまった。

インド大使館へ直訴という直球勝負も並行して進めた。

まず、例の哲学商人パンダ社長に電話する。パンダさんも「え!?」と驚いていたが、事情を説明し、直接会って相談することにした。

パンダさんは「そんな悪いことをしてるわけじゃないからなんとかなるでしょう」と言う。偶然だが、今のインド大使はオリッサ人だという。オリッサ人は約三千万人。巨大なインドのなかではたった三パーセントの人口でしかないから、大使がオリッサの人というのは超ラッキーだ。パンダさんは同郷の大使を「よく知っていて、御宅《おたく》にもときどき伺う」という話だし、もちろん、私がオリヤー語を習っているといえば、好印象を与えるだろう。

パンダさんのアドバイスで、大使に直訴の手紙を書き、イミグレへ手紙を書いてもらうように頼むことにした。イミグレで捕まったとき、「大使館から何か書類か手紙はないのか」と何度も訊かれたので、そういうものがきっと効力を発揮するだろうと踏んだのだ。だが、ウモッカについては「そういうわけのわからないことは書かないほうがいい」というパンダ社長の助言にしたがい、ただ「オリッサ州の文化や土地に興味がある」という辺りにとどめておいた。この手紙を投函《とうかん》し、大使の手元に届いたあたりを見計らって、パンダ社長が電話を入れてくれることになった。なんだか、これで何とかいくような、希望が出てきた。

だが、時期は最悪だった。

この手紙を書き、さらにパンダさんに添削してもらったりしているうちに、あっという間に十二月下旬、暮れも押し迫ってしまった。帰国したのが十七日なんだから無理もない。常識的に考えて、大使がこれから新しい案件に取り掛かるとは思えない。だいたい、もう大使がクリスマスと新年を合わせた大型休暇に入っている可能性だって少なくない。

これでは間に合わん……。

新しい案件は大使が休暇から戻ってからようやく取り掛かられ、なにがしかの解決が見られるのは一月下旬になってしまう。

当たり前すぎる話なのだが、一刻も早くインドに入りキタと合流しなければ……と焦る私には痛烈なショックだった。

私はキタと同時期にウモッカタウンに入るという希望を捨ててはいなかったのだが、これでは同時期どころか、キタが先に帰ってきてしまう。今回、キタは最大の頼りであり、秘密兵器だったのだが、秘密兵器だけが単体で行って帰ってきてもまったく意味をなさない。また、彼は御守りのはずだったが、それもはずれた。

「キタは御守りみたいなもんだと思っていたが、全然効かなかったな」私が嘆くと、妻が答えた。

「まあ、彼ひとりは行けたんだから、それは御守りの効力じゃないの」

御守りをもっていた人が不運な事故で大怪我《おおけが》をし、御守り自体が無傷でも、それは御守りの効力とは言わないだろう。論理的におかしいと思ったが、ただでさえ御機嫌うるわしくない時期だし、余計な指摘はやめることにした。

そんなころである。御守り、いやキタがウモッカタウンに到着したのは。

暇人キタ1号発進!

「先発観察隊長キタ、ウモッカタウンに到着しました」というメールが来たのは、十二月二十日、私が一時帰国してから三日後のことである。

宿をとったのは「サンタナホテル」。大阪でインド料理店を経営し、私に入谷のパンダさんを紹介してくれたクンナ氏の父親が始め、今では彼の弟二人(フォクナ氏とトゥンナ氏)が経営するホテル(料金的にはゲストハウス)だ。

ウモッカ唯一の目撃者モッカさん、短期ながら二回現地に足を運んだタカさんもここに宿泊していた。タカさんにいたっては、宿のオーナーであるフォクナ氏にパソコンとデジカメを提供し、「ウモッカらしき魚が揚がったら、すぐに写真を撮って送ってほしい」と頼んでいると聞いている。まさにウモッカ話の中心的存在のホテルと言ってよく、今そこに第三の重要人物キタが参加したわけである。

ウモッカタウンについては、「ほんとに田舎《いなか》の村みたいなところで、町の居心地もいい。のどかなとこだな、リキシャーがしつこいくらいで」とのことだ。

翌日、問題の浜辺《ビーチ》と漁　村《フィッシャーマンズビレッジ》について、報告が届いた。第一声は「（浜辺は）噂《うわさ》にたがわずキタナイな。人糞《じんぷん》ブタ糞がそこら中だ」というものであった。

その日見たのは「カジキ、マグロ、あとシースネークっていうカマスをデカクした魚とナマズみたいの、あとは小魚程度だ」というが、初日にそれだけ見れば十分だろう。

フィッシャーマンズビレッジというのはいったいどんなもんなのか？　という質問メールを送ると、翌日さっそく詳しい返事がかえってきた。

ビレッジはまさにビレッジ。街と漁師のビーチの間にひとめでわかる（わらぶき屋根で壁が人の背の高さより低い）建物のかなり巨大な集落で、規模としてはひとつの村くらいはあると思う。ここ二日、中に入ってみたが必ず迷う。いや奥行き一キロ以上はあるんじゃないかな。

今日は朝七時半に起きてビーチへ行ってみた。今日はエイ、サメが見れた。昨日は八時ころでエイはいなかったので、時間によってとれる物が違うのかもしれない。港みたいなものはなく、浜に戻ってきた漁船が獲《と》れた魚をどさっと浜に置く。そこにひとが群がる。セリになる。といった形で、ビーチ全体（長さ二キロ以上はあるだろう）、船が陸に帰ってきたところがセリの場所になるわけだ。何時なんてのも当然決まっちゃいないと思われる。船出る船帰る魚売る船出る船帰る魚売る……を一日中繰り返してるみたいだ。

サメは小型のばかり。今日見たのは全て買われて切られて、奥さん連中の頭の上のカゴにのせられていた。もう三十分ほど早い時間なら、捕ったままの形のサメが見れるかもしれない。

エイは揚げたての浜でセリをやってるのをみたが、おそらく赤エイだな。

ホテルから外に出るにも、大玄関にホテルの人間が南京錠《なんきんじよう》をかけているので、彼らが起きていないと外には出れない。ここサンタナはホテルというより六〇年代のヒッピーコミュニティみたいなもんだ。一日中外にも出ない人間もいれば、午前中習い事をして午後はホテルでみたいなひともいる。長居のひとが多い。料金は帰るとき払いで全てのオプションもツケになるから、いくら使っているかも分からなくなる。

ウモッカタウンってとこ自体がそういうとこなんだろう。インドの最後に（大麻を）吸いまくりのキメまくりで静かなビーチ。もうラブアンドピースそしてなーんもしたくなーい状態になりに来ているのだ。（高野注：ウモッカタウンはインド最大の聖地の一つであり、シヴァ神に関する大麻使用は合法で、政府公認の「大麻販売店」もある。そのため、シヴァ神に関係しない外国人旅行者の中にも大麻を吸う「ふとどきな輩」が多いという）

居心地はいい。が、長居は危険だ。

来年高野が来れるようになったとして、そのころはおそらく俺《おれ》は隣の町に移ってるだろうな。

まあ、二月四日に帰りの便を予約したし、金の続くかぎりここ（ウモッカタウンの周辺）にいるから、高野はこっちのことは心配しないで、早くインドに入国できるよう頑張ってくれい！

では〜


キタからの現地到着メールは私をなんとも複雑な気持ちにさせた。

彼がちゃんとウモッカタウンまで行ってくれたのは嬉《うれ》しい。カルカッタからすぐ帰るということになったら、無理して彼をインドに連れて行った意味がなくなる。彼がウモッカタウンに行けば、遠征隊としては最低限の任務は遂行していることになる。

おまけに、キタは、以前はウモッカタウンには長居はしないようなことを言っていたが、ここでは「二月四日をリミットに金が続くかぎりいる」と書かれている。

私が行くまでキタは現地で代役を務めるつもりなのだ。ありがたい。そういうことなら、あとは私が現地へ行き、彼と合流するだけだ。

いっぽうでなんともやるせない。

現地に行くことの醍醐味《だいごみ》はなんといっても「ファーストインパクト」にある。お茶に喩《たと》えれば一番茶であり、ビールや酒に喩えれば一番搾《いちばんしぼ》りであり、オリーブ油に喩えれば「エキストラヴァージンオイル」である。

それが多少苦かろうがクセがあろうが、なんといってもそこに行かなきゃ味わえない新鮮なもので、〝現地へ行った者勝ち〟があふれる場面だ。

私が心待ちにしていたファーストインパクトを、あろうことかキタに全部飲まれてしまった。しかも、そこからは現地の「トホホ感」が手に取るように伝わってくる。

要は、マリファナ漬けのガイジン、特に日本人たちと、パッとしなくて小汚い漁村があるだけのちっぽけな町。

「こんな苦労して来たのにこれかよ!?」と思うことはよくある。現地とはそんなもんだ。だが、苦労して行く前に他人からそれを聞かされたくはなかった。

いや、キタに難癖をつけてもしかたない。ウモッカに何の思い入れもないキタが現地滞在してくれることを奇貨とせねば。

キタには悪いが、彼を遠隔操作しようと思い立った。見たことはないが、「鉄人28号」という昔のアニメのロボットはリモコンで操作されていたという。それに倣《なら》い、私も「暇人キタ1号」を操縦して謎《なぞ》の魚を探すことにした。

こうすれば、キタ一人にウモッカを見つけてもらいたくないけど「私たち」としてはウモッカをなんとしてでも見つけたいという、私の心底身勝手なジレンマがなんとか表面上は解消される。私のインド入国の目処がつくまではこれでいくしかない。

キタ1号には過度の期待は禁物だった。もともと、彼はウモッカにあまり興味もないし、機材や道具ももっていない。だいたい、「オレについてくれれば万事ＯＫ」と口説いて同行してもらったのだ。あんまり「あれ、しろ」「これ、しろ」というのは気が引ける。指示はなるべくさり気なく「漁師はウモッカのこと、どう思ってるのかな？」といったものにとどめ、本人の自発意思を尊重した。

秘密兵器のロボットを遠慮しいしい操縦する主人公というのも情けないが、いたしかたない。

さてキタ1号は、毎日浜辺に出ては漁師が獲って来た魚をチェックし、魚の写真を携帯電話のカメラで撮影していた。キタはふつうのカメラを持っていないから、携帯電話が唯一の撮影機材なのだ。携帯電話が未知動物調査の主要な道具として使用されたのは史上初かもしれない。

幸運なことにキタはパソコンやネットに詳しい。撮った画像をホテルのパソコンに取り込み、圧縮して、ちゃんとこちらへ送ってくる。図鑑類は彼の手元にあるし、キタは以前、海釣りに凝っていたこともあり、魚の判別は意外にできているようだ。

もっとも、キタ1号がなかなか思うように動かないのでイライラさせられることも多い。「こっちの気候？　晴れれば暑くて曇れば寒い」だの「蚊が多い。今日は顔を三ヶ所、刺された」だの、やる気があまり感じられないセリフも見られる。

「漁がないときはヒマだなー」なんて文を見ると、「そんなヒマがあれば、漁村へ聞き込みに行けばいいのに」と思う。まあ、もともと「暇人キタ1号」だからそうそう勤勉なはずもないのだが。

到着三日後には「ヘンな魚、発見！」と大騒ぎし、私を慌てさせた。送られた画像を見れば、どう見てもふつうのサメなのだが、「いいや、これはサメじゃない！」と言い張る。結局二日後には「あ、やっぱり、アレ、サメだった。図鑑にあった」と認めた。どうして、最初から私の言うことを聞いて図鑑を調べないのかわからない。

いちばんイライラするのは、ウモッカの聞き取り調査だ。

「誰に訊いてもたしかに見たという人間はいない」と書いてくるのだが、それがどういう意味なのかよくわからない。質問した人が「知らない」と答えているのか、それとも「見たことがあるような、ないような……」と首をひねっている感じなのか、はたまた「あー、知ってる知ってる！」と言う人はいるが信用しかねる状態なのか。

「誰に訊いても」といっても、いったい何人に訊いたのか。漁師を中心に訊いているのか、町の人に広く訊いているのかもはっきりしない。

訊き方にしても、果たしてちゃんとやっているのか。手配書は彼の手元にはないが、最初のウモッカの全体像スケッチと、あとでモッカさんに描いてもらった、トゲを拡大したスケッチは彼も持っているはずだ。それらをちゃんと見せて、トゲの形や大きさ、ヒレやエラの特徴、全体の大きさなどの説明をしているのか。

私は苛立《いらだ》って何度も「スケッチはちゃんと人に見せてるのか？」と訊くのだが、それについては返事がない。もう、どうにももどかしくて身もだえしてしまう。これじゃ遠隔操作じゃなくて隔靴掻痒《かっかそうよう》だ。

もしかしたらちゃんとやってるのかもしれないが、一言もメールで触れないから私の疑念は募る一方だった。

キタが手配書もトゲ模型も持ってないというのも痛かった。今回用意した秘密兵器三つ（含キタ）のうち、キタ以外の二つとも使えないのだ。たまたま私のザックに分配されていたからである。特にトゲ模型。手配書は賞金を提示するわけだし、私がいないと無理なのだが、トゲ模型は見せるだけだから、暇人キタ1号でもじゅうぶん使える。

だが、彼もずっと同じホテルにいるわけでもなさそうだし、他の場所に行ってみるというので、送るに送れない。送っても間に合うかどうかわからないし、あるいはちゃんと届くのかという心配もある。

なにより、トゲ模型まで送ったら、それこそ私自身がもうインド入国ひいてはウモッカ探しを諦《あきら》めたことになりそうな気がした。水戸黄門が印籠《いんろう》を風車《かざぐるま》の弥七《やしち》やうっかり八兵衛《はちべえ》に渡してしまうようなものだ。印籠がない黄門さまはただのじいさんでしかなく、印籠をもらった弥七なり八兵衛なりが黄門さまになる。どうして、トゲ模型が水戸黄門の印籠に匹敵するのか、どうして私が黄門さまなのか、もう心が千々に乱れているから説明が難しいが、要は気持ちの問題である。

そういえば、このイライラするやり取りはどこかで経験したなと思っていたが、やがて思い出した。ただし、今と立場は逆である。前に何度かテレビのリサーチやロケの仕事をしたことがあって、その都度、日本にいるプロデューサーから「あれ、やったか？」とか「これ、どうなってるんだ？」とか「早く連絡しろ」とか「連絡なんかとってるヒマがあれば、動け」とか言われ、頭にきたものだ。

東京で空調のきいたオフィスで勝手なことばっかり言いやがって……と思ったものだが、今の私がちょうどその立場であった。自分じゃ何もできないので、言葉であれこれ言うしかないのだ。

当時はプロデューサーに腹を立てる反面、「結局おもしろいのは現地だし、プロデューサーなんてつまらん仕事だよな」と哀れんだことも思い出した。今の私がまさに哀れみの対象なのだ。

あー、どうして、私がプロデューサー役をやらねばならないのか。

私は現場の人間なのだ。「オレなら、もっといろいろな手を打てるのに……」

我がままな私は、自分の責任を忘れてひたすら歯嚙《はが》みしていた。

自虐映画の旅

暇人マシンはキタ1号だけではなかった。

私のヒマさ加減といったら、キタがものすごい働き者に見えるくらいで、「暇人タカノ1号スペシャルDX《デラックス》」とでも名づけたいくらいだ。

なにしろ、何にもすることがない。大使への手紙を投函してしまうと、あとは待つのみである。いつ来るとも知れない返事をただただ待つしかない。

一日中家にいるのだが、誰からも電話はかかってこない。FAXも、メールも来ない。打ち合わせもなければ、この年末年始に飲み会が一件も入っていない。もちろん仕事もない。

誰も私が日本にいることを知らないのだから当然だ。みんな、私がインドにいると思っているのだ。インドで謎の魚を捕まえるべく奮闘していると思っているのだ。連絡なんか寄こすわけがない。

私はもともと仕事をしない人間だが、日本でこんなにヒマな時間を過ごしたことは記憶にない。

ぼんやりと窓から外を眺めると、荷物を抱えて小走りする宅配便のスタッフ、若いお母さんにさかんに何か話しかけている小さい男の子、住宅街の一角に残された畑で大根や人参《にんじん》を収穫している年配の人の姿が見える。風が葉のない木々の枝を揺らし、瓦屋根《かわらやね》が冬のやわらかな陽光を反射してキラキラと輝いている。

世界はちゃんと動いている。人間の営みもつづいている。私のことなどおかまいなしに、万物は流転《るてん》している。

なんだか、すでに死んでしまい、魂だけがこの世に戻ってきた霊のような心境になる。多少は外にでも出たら気分も変わるんだろうが、誰か知り合いにばったり会う恐れがあるので、よほどの用事がなければ外出はしない。

「おまえは日本のアンネ・フランクか」と、帰国を伝えたごく親しい友人の一人にからかわれたほどだ。

妻もかまってくれない。彼女は、私がいない年末年始を迎えるということで、暇と寂しさを紛らすために必要以上に仕事や飲み会をぎっしりと入れていたのだ。だから、在宅時は仕事机にかじりついており、仕事が終わると外に出かけて遅くまで帰ってこない。

もちろんそれをどうこう言うわけにはいかない。なんせ、クリスマスと正月をふくめ、三ヶ月も彼女をほったらかしてインドに出かけるという計画を呑《の》んでもらったのだ。

一度、妻に「やることがなくてつらい」と漏らしたら、「あんたが勝手にやってることでしょ！　今さら何言ってんのよ！」と一喝されてしまった。

しかたないので、窓際の日向《ひなた》で寝ている犬に話しかける。

「おい、ちょっと……」と呼びかけ、体を揺する。

「おまえはいいよなあ……。オレはな、今はたいへんなんだよ……」などと話してみるが、奴《やつ》はちらっと薄目を開けてこちらを見ると、すごく迷惑そうな顔をして、寝返りを打った。

「はあ……」とため息をつく。

犬にも相手にされていない。

こうなると、帰ってきた霊魂というより、定年退職して急にすることがなくなり、家でぼんやりしているお父さんに近い。

区民プールに行ったりもしたが、年末の昼間なんて時期はお年寄りしかおらず、定年退職ムードが高まるだけで、気が滅入《めい》る。

本は読んでいる。だが、読書ではとても一日もたない。テレビは、見るのがもともと苦手なので、一時間見ればへとへとに疲れてしまう。

試行錯誤のあげく、「こんな特殊な状況は珍しいんだから、今しかできないことをやろう」とポジティヴに考えた。そこで始めたのが、「自虐映画鑑賞会」である。

今の自分の境遇に似た設定の映画を見て、とことん落ち込もうという、素晴らしく後ろ向きにポジティヴな企画だ。

さっそくビデオ屋からいろいろ借りてくる。

第一弾はもちろん、「ターミナル」。二〇〇五年に大ヒットした映画だ。トム・ハンクス扮《ふん》する架空の東欧国からやってきた男が、ニューヨーク空港で出るにも出られず、帰るにも帰れないという状態に陥る。

他の乗客が当たり前のように入国審査を通り過ぎるのに、自分ひとりが拒否されるという理不尽さ、NYにいながら「NYへ行きたい」と言い続ける不条理、いろんな人に「あんた、何してんの？」「何便に乗るの？」と訊かれては「I'm just waiting!(ただ待ってるんだ)」と答え続けるなど、つい数日前の私とまったく同じで胸にズン！　と来た。

もっとも、その他の部分はまるでおそまつというか、ムチャクチャな映画だった。母国で内戦が始まったとたん、パスポートが無効になるとか「国がなくなる」なんてありえないし、英語が何一つできない男が一週間くらいでぺらぺらになったり、67番ゲートがいつの間にか彼の「家」になっていたり……と枚挙にいとまがないが、何より不可解で圧倒的に共感できないのは、コミュニケーションに支障がなくなったにもかかわらず、彼が空港から街へ出ようという努力を一切しないことだ。

そんなことはありえない。絶対にありえない。というより、「許せない」。

何、余裕かましてんだ？　おまえ、本気でニューヨークに行きたいのか!?　と思わずトム・ハンクスに罵声《ばせい》を浴びせてしまった。

自虐映画第二弾は「新・男はつらいよ」。

男がつらいというより「見るのがつらいよ」という映画だ。だからこそ、わざわざ借りたのだが。

寅《とら》さんシリーズのごく初期の作品。競馬で大穴を当てた寅さんが、おいちゃん、おばちゃんと三人でハワイに行こうとするが、旅行会社の社長に全費用百万円を持ち逃げされてしまう。ハワイどころではないのだが、近所の人に万歳三唱で見送られた手前、「行けませんでした」とも言えない。結局、こっそり舞い戻って自宅に「極秘潜伏」する……。この時点で私はべったりと冷や汗をかいた。「寅さん」がハードサスペンスに見える。留守と思い込んで入ってきた泥棒を捕まえたはいいが、警察に通報もできず（通報したら日本にいることがバレる）、泥棒に金まで渡す始末だ。私も「まさか、うちにも泥棒が入ったりしないよな」と本気で心配になった。

ところでこの映画、後半は何も怖くないので、洗濯物をたたんだり、台所で洗い物など、暇人タカノ1号スペシャルDXらしき雑用をしながら、流して見ていたのだが、意外にもラストのシーンに涙してしまった。寅さんが再び旅に出て、汽車の中で「自宅潜伏して泥棒に追い銭をやった」話をおもしろおかしく語って乗客の爆笑をかっているシーンである。

どうしてなのか、さっぱりわからないが、なんとも切ないのだ。

私が自分の境遇に重ね合わせているわけでもないし、寅さんが胸の痛みをこらえているというふうでもないし、いまだにその理由はよくわからない。

その後も、「にっちもさっちもいかない状況」をテーマとする映画を一日一本のペースで見ていく。

十二月二十五日の晩、妻が私に「何かほしいもの、ない？」と訊く。クリスマスプレゼントにしては遅すぎるが、あまりに私がめげているので、励まそうというつもりだったらしい。

ほしいもの？――といえばあれしかない。「インド入国」。それは「こと」であり、「もの」じゃないんだが。

さすが長年の付き合い、妻は私の顔をみてすぐに察知したようだ。急いで付け加えた。

「あ、インド入国はダメだからね。お金で買えるものにしてね」

「お金で買えるものか。まるでマスターカードのCMみたいだな」

マスターカードが長く続けているCMシリーズは私も知っていた。ほんとうに大事なものはお金では買えないが、買えるものはマスターカードで買え、というようなやつだ。

妻がそれを真似《まね》する。

「インド入国…… priceless とか？」

ハハハ……と二人で笑ったあと、深い沈黙に包まれる。

結局お金で買えるもので欲しいものは今の私には何一つないのだ。

また暗くなってしまったが、優しい妻は「まあ、気分でも変えてビデオでも見ようよ」と言う。

「そうだね」と答え、借りてきたビデオを手渡した。

「『ライフ・アクアティック』？　これ、どんな映画？」

「えーとね、謎の怪魚ジャガーシャークを海に探しに行く探検家の話」

「なんで、また、そんな映画を……」と彼女は呆《あき》れるが、私が最近借りてくる映画はことごとく自虐映画であり、気分転換とは無縁なのだからしかたない。

初《しょ》っ端《ぱな》から主人公が「落ちぶれた探検家」と呼ばれるシーンがあり、ガックリ来るが、考えてみたら、私は栄光に浴したこともないから「落ちぶれ」てなんかいないし、もっとよく考えてみたら「探検家」ですらなかった。単に自意識過剰なんである。

こうやって、少しずつ、自己を客観視しようと努める。さすがもうじき四十歳、大人なのだ。

映画自体は何と言っていいものやら。

すごくふざけたコメディのわりには妙にシリアスになるところもあり、どこに焦点が合ってるのかわからない。「ノリ」がわからないというか。

クストーをモデルにした——しかし、すんごく俗物化した——海洋探検家にしてドキュメンタリー映画監督の主人公は、ここ九年もヒットがなく、インチキくさい未知動物や絶滅危惧種《きぐしゅ》を撮影している。いまや、まともな人には誰にも相手にされていない。にっちもさっちもいかない状況で、最後の賭《か》けが怪魚ジャガーシャークを探すことだった。

この設定だけで痛すぎて、笑うに笑えない。

トラブルの数々をクリアーしてやっと探検に出発したものの、主人公は謎の魚そっちのけで自分の息子と女性記者を奪い合う。終盤、なぜか海賊と銃撃戦になったあと、息子はヘリコプターの事故で死亡、そこで強引に主人公は息子への愛を知る。

ジャガーシャークもついに発見。ふつうのアオザメが巨大化し、戦車のような迷彩色と☆印の模様があるというふざけた代物だ。そして、エンディングは女性記者との愛……。

さて、自虐映画もこれで七本目だが、だいたい「にっちもさっちもいかない状況」という映画は、どれも最後の落としどころは同じだということに気づいた。

すなわち、「愛」である。

「辛い状況から脱する」というのはどうでもよく、「辛い状況下で愛を見出《みいだ》す。あるいは確認する」のである。

私もこの煉獄《れんごく》状態を抜けて、何か「愛」を見出すのだろうか。といっても何の愛？ 誰への愛？ ウモッカ？ インド？ それとも相棒のキタ１号？

キタ１号の活躍

キタは毎日律儀に報告メールを送ってくる。

十二月二十五日のメールには目をみはった。ただし、現地とは関係がない。

日本で仕事してた会社が給料未払いでヤバイらしい。来月は会社ごと休みになるという話だ。

え、会社ごと休み!?　それは、ふつう、もうアレだよな……。

キタはバイトだが、月曜から金曜までフルタイムで働いているという。データの打ち込みだが専門用語が多いので、彼のように二年以上もやっているベテランは重宝され、保険や年金にも会社が加入し、半ば正社員に近い扱いを受けているとも聞いていた。社長はいい人で、キタは「できれば、このまま定年までずっとこの会社で働きたい」と、ふつうの会社員みたいなことも言っていた。

今回はわざわざ社長に事情を説明し（「友だちの手伝いでインドへ謎の魚を探しに行くことになった」と正直に言ったらしい）、長期の無給休暇（バイトだから当然だが）をとったという。

それがいきなり、会社倒産の危機か。

ウモッカ探しの二人が相次いでトラブルに見舞われている。

エジプトのミイラ発掘や「アイスマン」（氷漬けになっていた石器時代人の遺体）の調査で、調査メンバーが次々と事故や急病にあい、「呪《のろ》いか」と世間で話題になったことを思い出す。もしかすると、ウモッカにも呪いや祟《たた》りがあるのかもしれない。でも、ミイラやアイスマンは発見されてから不思議なトラブルが起きたわけで、まだ気配すら見えないウモッカがどうして私たちに祟りをおよぼすのか。いくらなんでも、それはフライングではないのか。

キタはしかし、会社の危機にはさして頓着《とんちゃく》してないようにウモッカ調査に精を出していた。むしろ、それ以降、だんだんやる気を出していったような感すらある。日本に帰っても何もいいことがないので、かえってウモッカ探しに専念するつもりになったのかもしれない。キタは諦めのいい男でもある。

私の憶測はともかく、年末のキタ1号の活躍は目覚しいものがあった。

二十六日には、初めて漁師の漁に参加することに成功した。

今朝《けさ》、子サメ（エイ）とかマグロとか見ていたら、船を出すのを手伝えと言われ、これはチャンスと思って手伝ったところ、船に乗せてもらえた。

一艘《そう》の船で行って帰ってきてというのではなく、最初は近くを行ってかえる用の船で途中まで行き、沖でずっとセットしてある船とか沖に出る船とかに乗り換えたりする。なにせ浜から人力で船を海に押し出すため、全部が行ったり来たりは効率が悪いということだろう。沖にブイがズラーっと並んで浮かんでいたのは、デカイ網だと思われる。

ちょっとわかりづらいが、漁師たちは小さな船で海に出て、そこで少し大きな船に乗り換え、さらに沖合いで、もっと大きな船に乗り換えて遠洋に出かけたり、沖合いに浮かべたままにしている船に移ってそこで網を引くということらしい。

漁のやり方は、モッカさんやタカさんにも漠然と聞いていたが、はっきりと確かめたのはキタが最初である。キタにとっても最初の功績といってもいい。

漁師ともうまくやるコツをつかんだようだ。

漁師の中にはフレンドリーな人たちもいて、特にカメラ付きケイタイを見せると撮ってくれ撮ってくれと人気がとれる。かなりの漁師がケイタイを持っている。ただし、彼らのケイタイにはカメラがついていない。人の名前が覚えにくく、書いておかないと忘れる。


翌二十七日には勢いにのって初めて漁師の家の中まで入り込んだ。電気は通っており、テレビで衛星放送が見られたりしてそれほど悪い生活ではないという。

村がクリスチャンという噂があり、彼らが不可触民《アンタッチャブル》なら、その可能性は高いとも思っていたが（不可触民は差別から逃れるため、仏教やキリスト教に改宗することが多い）、キタが訪れた家ではヒンズーの神様を祀《まつ》ってあったから、少なくとも村全体がクリスチャンということはないとキタは報告している。

ちなみに、この家を辞すとき、キタは御礼の意味でちょっとばかりのお金を渡そうとしたが、「いらない」と断られたという。

「インドでも、純粋にいい人はけっこういる」と書いている。

キタがどんどん地元民のなかに溶け込んでいっているのがよくわかる。

この日の「レポート」には、最後にこんな親切なアドバイスまでついていた。

次にくる隊員たちのために
まず海でカメラを取り出す〜子供集まる〜子供の写真撮る〜名前教えあう〜そのう

ち家に連れてってもらえるか船にのせたりしてもらえる　という単純なパターンでコミュニケーションはとれるハズ。大人もカメラは興味あるらしい。英語でオッケーだが、プラスヒンディーがあればベター。

「次に来る隊員たち」って誰だ？　私のことか？　私を含めたその他大勢ということか？

とうとうアドバイスを受ける立場になってしまった。「親はなくても子は育つ」とはよく言ったもので、誰も頼る相手がいないと自立せざるをえないから成長するケースもある。子どもじゃないし、もともと自立しているキタは、ウモッカ探しについても早々に自分のやり方を見出しているようだ。

さらにその後、数日にわたって、サメ漁についての報告が届く。二メートルにも及ぶサメがときどき浜に打ち上げられる。「サメ漁は禁止されている」という情報がある一方、ある漁師は「小さいサメはたった五ルピー（約十三円）だが大きいサメは二万五千ルピー（約六万二千五百円）で売れる」と言う。

さらによくわからないのは、大ザメは浜辺に放置され、誰も肉を持っていかないという話だ。

キタは考え込むが、翌朝見ると、そのサメが頭と内臓を残し、すべてなくなっていた。

「カラスやイヌなら内臓を食べ残したりしない。理由はよくわからないが、誰かが夜のあいだにこっそりと持ち帰っていると思われる」とキタは推測している。

ふつうのサメはその場で捌《さば》かれるか、セリで売られるという。なぜ、大ザメだけはそんな目にあうのか。

ウモッカにいちばん近いと思われる大ザメには、どうもいろいろと裏事情がありそうだ。キタが何かにひたひたと迫っている感じがする。

しかし、この期間、私がもっとも興奮したのは、ウモッカに直接つながる情報を彼が入手したことだった。

情報源は宿のオーナーで、「ウモッカタウンの近くで〝ヘンな魚〟が獲れた」という。

キタのメールは次のようである。

「一ヶ月くらい前に、テレビのニュースでやってたヨ」というから、インドのニュースになるくらい珍しい魚らしいと判明。獲れたのはコナーラクよりさらに四十キ

ロくらい先のカカトプル（ガイドブックにも出てないので距離は正確でない）というところらしい。詳しいことはフォクナ氏も覚えてないが、「でかいワニみたいな魚」であることは確からしい。

キタは「いずれ、そっちにも行ってみるつもりだ」と書いている。

この報告を見て、私はむむむ……と唸《うな》った。

展開しているじゃないか。現地でのリズム、流れに乗っている。こういうふうに転がりだすのが探検や探し物の醍醐味なのだ。

一ヶ月前、テレビで放映されたという具体性。ガイドブックにも載っていない未知の地名。現地の人が明らかに「ヘンだ」と思う魚……。

おもしろい。実におもしろい。それどころか、これはすごい手がかりをつかんだのかも……。

暇人キタ1号は、御守りがわりに無理を押して投入した「秘密兵器」であったが、使用者の手からはなれ、独自に威力を発揮している。私としては、人間を改造して「仮面ライダー」をつくった悪の軍団ショッカーの親分、「鉄腕アトム」をつくった天馬博士みたいな気分になった。

これはいかん。私はこれまで以上の激しい焦りに襲われた。キタが何か凄《すご》いものを見つけるのはいい。だが、そこに私が一緒にいないのは困る。とても困る……。

もうインド大使からの返事なんか待ってられん——。

そう思った私は、また別の手段を必死になって探りはじめた。

姓の変更

インド大使からの返事はとうぶん来そうにない。陸路国境越えはイチかバチかで、リスクが高い。ならば、第三の手段を考えねばならない。

要は、イミグレのチェックに引っかからなければよいのだ。それにはパスポートを変えるのが唯一の方法である。

パスポートは「紛失した」「盗まれた」「洗濯して原型をとどめないほど破損した」などの事情で再発行される。新しいパスポートは以前のものとは番号がちがう。だから、取材地への再入国に問題を抱えるジャーナリストはときどき、そういう手を使って、新しい旅券を入手する。

だが、私の場合、ただパスポートを変えるだけではしかたない。今回だって、パスポートは三年前とはちがうものだった。

別のパスポートで次回入国しようとした場合、父親の名前はてきとうなことを言ってごまかせるだろうが、氏名、生年月日、本籍は動かしようがない。インドのブラックリストに載っている日本人自体がひじょうに少ないと思われるし、この前捕まったことであらためて「こんな日本人がいた」という通達が各イミグレに行っていたり、コンピュータのデータに「要注意◎」などと追記されている可能性だってある。

では、どうするか。

いちばん手っ取り早いのがパスポートの名前を変えることだ。別人になるわけだから、もうどこの誰にも文句を言われなくなる。

パスポートの名義変更で、私が真っ先に考えた合法的な方法は、妻と離婚することだった。

まず妻と離婚する。私の名前は変わらないが、彼女は旧姓に戻る。そのあと、彼女と再婚する。そのとき、これまでのように私の籍に彼女を入れるのでなく、彼女の籍に私が入る。婿入り形式だ。彼女の旧姓を仮に鈴木とすれば、私は鈴木秀行となり、完全な別人になる。ここで厄介なのは、妻を説得することだった。

当然妻は嫌がった。「あまりに面倒くさい」というのだ。

「姓が変わるとほんとに面倒なのよ。パスポート、クレジットカード、免許証、税金、保険、ツタヤの会員証、銀行の口座名義……、もうみんな変えるのは死ぬほど面倒。あんたと結婚したとき、あたしはそれを全部やったわけ。あんたはそのままでよかったから大変さを知らないだろうけど。で、それをまたやるの？　二回も？」

いずれ、元の姓に戻さないと親族に対してまずいので、離婚・再婚のあと、再離婚・再再婚と繰り返さなければならないのだ。

うーん、確かにそれは面倒だろう。妻の気持ちもわかる。夫婦別姓にすべき、と唱える女性の気持ちもわかる。

だが、妻は心優しい人だったので、最後には同意してくれた。心優しいというより、私にウモッカを諦めさせるほうが姓を二回変更するよりもっと面倒だと判断したためだろう。ところが、せっかく説得してから、思いもよらない落とし穴があるのを知った。

女性は離婚してから最低半年は再婚できないという法律があったのだ。

理由は「女性は離婚後妊娠が発覚する可能性があり、その場合、誰の子どもかわからなくなるため」だという。

結婚していようが離婚していようが、はたまた未婚だろうが、女性の子どもがどの男の種かなんて誰にわかる！　と憤ったが、社会的な建前ではそうなっているのである。

というか、よく考えれば、今はDNA鑑定があるから、子どもの父親が誰かは科学的にすぐわかる。日本における韓流《はんりゅう》ブームの先駆けとなった「冬のソナタ」は父母世代の乱脈の性の物語だが、やっぱり最後の決め手はDNA鑑定だった。なんで、今頃、そんな古い法律が残っているのだ。

半年では遅すぎる。キタが帰国してしまうじゃないか。今すぐ行かねばならないのだ。今すぐ離婚・再婚しなければいけないのだ。

せっかく辛抱強く妻を説得して承諾を得たのにまったくの無駄骨に終わってしまった。

かくなるうえは、もう一つの手段を思いついた。

妻と再婚しようと思うから半年もかかるのだ。別の女性と再婚すれば、即日入籍できる。向こうさんも全く姓を変えずに済むから何も面倒なことがない。

我ながら妙案だが、問題は私と名義上だけでも結婚してくれる「別の女性」がいるかということだ。いくら形式上の結婚とはいえ、抵抗感は強いだろう。

これは無理だなと思いつつ、ダメもとで、若い独身の女性担当編集者Iさんに「こういう手があるんだけどね……」と話してみたところ、意外にも、「私の籍でよかったらいくらでも使ってください！」と真顔で言われた。

Iさんはひじょうに仕事熱心な人だから「これも仕事のうち」と思って、事の重大さを見失っているようであった。

いくらでも使ってくださいと言っても、鉛筆や割り箸《ばし》や釣り道具じゃないのだ。いざ、向こうが「いくらでもどうぞ」と言ってくれたら、私の腰が引けてしまった。

別の女性編集者に試しに「どう思います？」と訊いたら「彼女のきれいな籍を汚すなんてとんでもない！」と激しく叱《しか》られてしまった。「汚す」というところが納得がいかないのだが、まあ、客観的にみればそうなるだろう。今後、彼女が再婚する際、いや本当に結婚する際、相手やその家族に問題視されたらどうするのか。私には責任の取りようがない。

しかし、なにしろ、即日問題解決というのが心惹《こころひ》かれる。パスポートの発給に十日かかり、ビザの取得にも一日かかるから、その翌日発つとして、最速十二日後にインドに入国できる。年末年始の休みを考慮して計算すると、一月下旬には現地ウモッカタウンに到着でき、前回の失態を挽回《ばんかい》するにはじゅうぶんだ。ああ、なんて魅力的なんだろう。

だが、いざ、Iさんに婚姻届を持っていって判を押してもらい、区役所に行って……と具体的なことを考えると臆《おく》してくる。

だいたい、Iさんが納得すれば済む話でもない。妻がいる。離婚して、別の女性と入籍するなんて、どう考えても了承してくれそうにない。というか、そんな話を冗談にでも口に出せそうにない。

「あんた、何考えてんのよ！」と怒鳴られるのが関の山だ。

何考えてるって、そりゃ、ウモッカとインドとパスポートのことだが、もう彼女の忍耐も限界に達しようとしているし、これ以上の交渉は不可能だろう。

結局、この方法も断念することにした。

他に、何か姓を変える方法はないだろうか。

私はインターネットで「姓の変更」と入力し、検索してみた。すると、意外や、二万七千件も出てきた。といっても、多くは銀行・団体・役所などの、会員証や名義変更の案内だった。姓を変更したときどうすればいいのかという案内であり、どうすれば戸籍の名義が変更できるのかということには触れていない。

だが、よくよく見ると、ほんとうに「戸籍上の姓を変えるにはどうすればいいか」ということについてのサイトがいくつも発見された。

私のように、どこかの国で入国拒否にあっている人がこんなにもいるのか？　と思ったが、実際には、ほとんどが外国人と結婚した日本人の体験記や相談サイトだった。

特に多く見かけるのは、欧米人男性と結婚した日本人女性の悩みである。海外では旧姓を使えるそうで、日本でもそのままで何も問題はないから、わざわざ姓まで変えるのはためらう人が多いようだ。

だが、もし日本で生活する場合、特に子どもができた場合、そのままでは日本の学校に行かすことができない。行かせても母親とちがう姓になる。

外国人の夫にしても、「自分の姓になってほしい」と思う人は多いようだ。「夫の姓になりたい」「家族は同じ姓であるのが自然」と純粋に思う日本人女性もいる。

だからこそ、みなさん、悩んでらっしゃるわけだ。サイトによれば、外国人と結婚後、六ヶ月以内なら家裁に行って申請すれば簡単に、高野スミス秀子といった姓にできる。

六ヶ月を超えると、少々面倒になるが、やはり変えることはできる。

ただし「いったん変えた姓を戻すには、家裁の裁判官を説得する理由が必要で、たいへん困難です。よく考えてから姓の変更をしましょう」などと書かれてもいる。

そうか、やっぱり姓を戻すのはたいへんなのか。

論理的には、私が二重国籍を容認するアメリカやフランスなどの国の人と結婚し、そのパスポートをとるということはできる。二重結婚だが、日本でも相手国でもわからない。だが、いかんせん、相手を探して結婚して……というのは時間がかかる。だから、この方法は早々と捨てていたが、何かヒントがないか、いろいろ見ていたのだ。

外国の姓を戻すのがたいへんなら、日本の姓を戻すのもきっとたいへんだろう。

変えることばかり考えて、あとのことをすっかり失念していた。

これでは選択肢に入れていたもう一つの手も難しい。

もう一つの手とは、「養子縁組」である。それを教えてくれた人は「ぼくの籍に入れていいよ」とまで言ってくれた。この人もまた、籍を割り箸か釣り道具と間違えているようである。たしかに私と妻の夫婦そろって誰かの養子になれば、姓は変わるし、私も妻と離婚しなくて済む。

だが、養子縁組というのは、かなり特殊な状況下でないと行われないだろう。特に財産問題が絡んでくるので審査は厳しく、時間がかかることが容易に想像される。

さらに、やっぱり最終的には元の姓に戻さないわけにはいかない。私、妻、そしてその友人の親族にバレたら、それぞれ大問題になるに決まっている。

養子縁組をして、またそこから抜けるというのも異常なので、手続きも尋常な易《やさ》しさではなかろう。

うーん、合法的かつ迅速に姓を変えるのはどうやら困難のようだ。

それなら非合法はどうだろうか。

実は「究極の裏技」とも言える方法を聞いたことがある。ジャーナリストになった探検部の先輩が、とある共産国の取材で入国禁止になり、しかし取材を続けたいから使ったといわれる秘技だ。

これは日本の戸籍法、ひいては日本人の「氏名観」（そんなものがあれば、だが）の急所をつく方法だ。

日本の戸籍は世界的にもひじょうに厳密でごまかしがきかないものとして知られている。しかし、そこには大きな穴がある。

日本の戸籍には、驚くことに漢字しか記されていない。読み仮名がふられてないのだ。

これは国際的にみれば、「名前が書かれてない」に等しい。

漢字があればそれで良しというのは、おそらく、長年、「中国文化＝先進文明」と信じてきた名残りなのだろう。この日本国の奇妙な習慣を利用して名義を変更するというのが、究極の裏技なのだ。

例えば、私の名前は「高野秀行」だが、これをどう読むのか、戸籍からは判断がつかない。「こうや・ひでゆき」かもしれないし、「たかの・しゅうこう」かもしれない。「高野秀行」はどうとでも読める。国内ではどこでも漢字使用だから、これだけで問題はないが、パスポートには漢字がない。ローマ字表記である。これが国際的な「本名」となるが、いっぽう戸籍には読み方がない。

つまり、高野秀行をほかの読み方にして、自治体の旅券課に申請すればいいのだ。「こうや・ひでゆき」でも「こうの・ひでゆき」でも「たかの・しゅうこう」でも。

もちろんその場合、「生まれて初めてパスポートを作ります」と言う。そうすると、できてしまうという。コンピュータでチェックしても、「こうの・しゅうこう」という名前は出現しない。コンピュータは人間ではないから「あ、これ、ふつうタカノって読むよな」と思って、タカノもチェックする――なんてことはしない。そして係官は戸籍謄本の漢字しかチェックしない。

つまり、どこにもチェック機能が働かず、申請者はちゃんと別名のパスポートを取得できる。少なくとも、私の先輩はそれに成功したというもっぱらの噂だ。

だが、あくまでも噂である。早く本人に真偽を確かめねば。

先輩の自宅に電話すると、幸いにもすぐ本人が出た。そして、訊ねると、「あー、そうだ」と言う。わ、ほんとうだったのだ！　と喜んだのは束の間、「だけど、今は無理だろう」と先輩は言った。

「オレがちがう読みで別名のパスポートを作ったのは七〇年代だ。まだ牧歌的な時代だったからそんなことができた。今はいくらなんでも無理だろう」

ガーン！　そんな大昔の話だったのか。てっきりここ数年の話だと思っていた。

考えてみれば、今は住民基本台帳ネットワーク（住基ネット）がある時代だ。パスポート申請に住基ネットは直接関係ないが、なんらかの管理体制ははたらいている可能性大である。

もしかしたら、私が想像する以上にこの国の管理体制はお間抜けで、今でもこの手が通用してしまうかもしれないが（それはそれですごいが）、結局、ネパール陸路国境越え以上のバクチであることに変わりない。

バレた場合もおそろしい。「不正申告をした」ということで問題視され、下手《へた》すると、「旅券発給停止処分」をくらうかもしれない。インドどころか、全ての外国に行くことができなくなるという大変な事態だ。

そして、なによりも、ウモッカを捕獲したときのことを考えると、この方法はマズすぎる。旅券法に違反したことが露見すれば、ただでさえよくない私のイメージは地に落ちるし、ウモッカ自体がダーティな週刊誌ネタになってしまう。

こうして、日本戸籍法を逆手にとった究極の裏技はあっけなく潰《つい》えてしまった。

まさに「にっちもさっちもいかない状態」だ。私が現地で恐れていた「頑張りたくても頑張れない状態」に日本で陥っている。いったいこれはどこまで続くのだろうか。

方向転換

年が明けた。今年でついに四十歳だ。我ながら感心する。

だが、相変わらずインド入国の目処は立たない。

「四十にして目処が立たず」と『論語』をもじった冗談を飛ばしてみるが、妻はクスリとも笑わない。

「立つのは三十。四十は惑わずでしょ」とダジャレの出典の誤りを指摘された。

あーそうだよな。でもしょうがないじゃないか。惑いまくっているんだから。

今日はただの元日ではない。モッカさんがウモッカを目撃した「ウモッカ記念日」なのだ。しかも、十周年記念。どうして、肝心の私が日本でうだうだしていて現場にいないのか。

私の気持ちなど斟酌《しんしゃく》せず、めでたいめでたいとばかりに年賀状がドサッと届く。賀状の大半が印刷だけのもので、「どうして一行くらい、肉筆で一言書かないんだろう。賀状の意味がないじゃないか」と思うが、心ある人がときおり肉筆で記す一行が「ウモッカ発見、楽しみにしてます!」だったりして、鳩尾《みぞおち》がずきずきする。今年にかぎって、年賀状は心がこもってないほうがありがたい。

飲みにもいかず生活は規則正しいし、腰痛はやわらいでるし、ヒマにまかせてジョギングなどの運動をしているから、体調は近年ないくらい絶好調。なんとも皮肉な話だ。刑務所にいる囚人によく似ている。

正月に入ると、ますますやることがない。カルカッタでも東京でも「隔離病棟」状態は変わらないのだ。毎日一回のキタとの交信が外界との唯一の接点となっている。それでかろうじてシャバと繋《つな》がっている感じだ。

キタは相変わらず奮闘していたが、正月早々、カゼをひいて寝込んだこともあり、疲れの色が濃くなってきた。

ウモッカの手がかりは依然としてまったくない。

大ガメが水揚げされているのを発見したとか（すごく珍しいらしい）、同じ漁村のビーチでも場所によって、水揚げされる魚がちがうといった情報はゲットしているが、ウモッカに直接関わるものはない。

事情ははっきりわからないが、少なくとも、ウモッカは現地へ行ってあっけなく見つかるという代物ではなかったようだ。キタの徒労感がじわじわと伝わってくる。

漁村の人たちとのやり取りにも辟易《へきえき》しているようだ。ある程度仲良くなってくると、たかりが始まる。最初は「お金なんかいらない」と言っていた漁師の家も、一度親切心からキタが撮った写真をCD－ROMに焼いてあげたら、それ以降、常に「おねだり」の状態に陥り、クリケットのバットとボールを買ってくれとかドレスを買えとか日本に子どもを連れて行ってくれとか言われ、足がだんだん遠のいている。

キタは書いている。

「インド人は日本人とちがい、下の人間はどう努力しても金を儲《もう》けたり、もっといい生活ができるようになったりはしない。だから、金持ちから金をもらうことは当たり前だと思っているのだ。それはわかるんだが、オレが彼らにドレスを買ってやる理由はない」

そうなんだよなあ……。

親しくなればなるほど、かえってそういう理不尽な要求（向こうにとっては「正当な要求」）を受けるようになる。日本と経済格差の大きい辺境の現地調査でいつも私が悩まされるところであり、私だけでなく何百万、何千万という先進国と途上国の人々が摩擦に苦しんでいて、その解決策はいまだ発見されていない。解決策がもし発見されたらウモッカの発見よりすごいかもしれない。ノーベル経済学賞ものだ。

キタもいよいよそれにはまりはじめている。

気分転換の娯楽もないようだ。

謎のオリッサ武術「ジンギ」なるものを教える道場みたいなところがあって、何回か練習に参加したようだが、それも飽きてしまったらしい。

「武術としての体系はあっても教える体系が整っていないのがさすがインド人、毎回違うことを次々とやるのでまったくおぼえられない」とのことだ。

日本を発つ前からキタがウモッカよりよほど関心のあったヨガは、テキストを買ってみたらしい。その本によると、ヨガの達人は一時間半息を止められるという。そこまで行くとサイキックパワー（超能力）が身につくそうだ。

「サイキックより息を一時間以上止めてるほうがスゴイんじゃないか？」というもっともな疑問をさすがのキタも感じたようだ。なにより、デスクワークから離れたおかげで、肩こりがすっかり治ってしまったという。これではヨガをやろうという積極的な理由がない。

私の腰痛といい、彼の肩こりといい、なぜか外界から遮断された生活をしていると体の不調が治り、健康になる。あ、だから「隔離病棟」なのか。

いっぽう、私のほうから書くことは限られている。彼の報告に細かい突っ込みを入れるのがせいぜいだが、意思の疎通がなかなかうまくいかないし、ウミガメの種類や大きさやカツオがどの海域で獲れるかなど、もしかしたら海洋生物学的には重要かもしれないが、ウモッカとは何の関係もないことである。だんだんチェックもおざなりになってきた。

こちらから報告することもあまりない。インド入国ＯＫ！　のニュースを含め、自分の身辺には報告するようなことは一切ない。

日本のニュースはインドからでもネットでチェックできる。見ることができないのはテレビ番組くらいだ。そこで、「曙《あけぼの》がまた負けた。ダイエットしなきゃダメだよ」

「小川は強いぞ！　プロレスしかやってないのに吉田にひけをとらないんだからな」といった年末の格闘技イベントのことや、『古畑任三郎スペシャル』でイチローが出たけど、演技がうまくて驚いた」といった話を事細かに書く。

キタはそういう話に飢えているらしく、「吉田対小川、見たかったあ!!　二月までビデオが見れないのが悔しい」とか「イチローと古畑が対決したのか！　すげえ！　イチローは古畑の球を打ったのか？　いや、誰を殺したんだ!?」と激しく食いついてくる。ウモッカ探しの話より格段に興奮度が高い。

考えてみれば、キタも現地で孤独な調査にいそしんでいる。ウモッカタウンは小さい町で娯楽も何もない。想像するに、他の旅行者が気ままにのんびりすごしているところで、彼だけはみんなに呆れられたりバカにされたりしながら、自分でもいると確信しているわけではない謎の魚をひとりで探しているのだ。奴だって、「オレはなんでこんなところにいるんだろう」と思っているにちがいない。

早くシャバに戻りたい――。そんな雰囲気がメールを通して伝わってくる。

つまり、二人とも「どうしてオレはこんなところでこんなことをしてるんだ!?」という気持ちでいっぱいであり、互いに相手とのメールのやりとりが外界との唯一の連絡にして、シャバの空気を吸う楽しみとなっているのだ。

インドと日本。それぞれ隔離病棟にいる男二人が糸電話でつながっているようなものである。

これを解決するのは理論的には簡単だ。私とキタが入れ替わればいいのだ。そうすれば、ともに両方ともそこが自分にとってシャバだから、何も不満はなくなる。だが、それができないから困る。

イライラさせられるのは、ウモッカ情報がないことだ。キタ1号は報告機能に問題がある。

ウモッカのトゲについて現地の人に訊いているのかという質問にはいつまでたっても答えない。ウモッカの手がかりがないというのも、どういうことなのか具体的に説明しない。

ついに「ちゃんと聞き込みやってんのか?」と苛立ちを隠さずに訊いたところ、こんな返事がかえってきた。

高野本部長

もらった資料の中にトゲの拡大図がついたイラストが入っていたから、モッカ氏の

イラストと一緒に見せてるよ。さんざんうなずいた後に、彼らはサメとかイルカとか言うのだよ。自分が分からないとこは無視するのがインド式だと気づくのに時間はかからなかった。しまいにはデカイ魚ならなんでも見せてくる。一番いい答えだったのが「こんなのインドの魚じゃないな」だ（笑）。これは正直な答えだった。

なんか見るところもないし、聖地と言っても唯一の聖地にはヒンズー信者以外入れないし、とにかくヒマだ。

ビーチで休もうにも（蚊がひどくて）服が脱げないし、座って1分もするとサンゴ売り兼（ドラッグの）売人が山ほど来るし。

そこら中で（ウモッカについて）話したから町のどこ歩いても顔知ってるヤツがいる。

インド人だろうとツーリストだろうと、15分も一緒にいればほぼ全員ジョイント（大麻とタバコを混ぜたもの）を巻き始める。

約束など1日3回以上念を押さないと忘れられる。忘れっぽいのかと思うと自分の得になることは何日たっても覚えてる。

今は部屋でテレビ見てるときくらいしか楽しみが無いな。インド武術も金を払う余裕がないからやめた。ツーリストもほぼ毎日同じところで会う。彼らもただ毎日チャイ飲んでメシ食って終わる。違いといえば、彼らは草（大麻）やりに来てるだけで、１週間も休んだら別のところへ行くってことくらいだ。長居するのはストーナー（重度の大麻愛好者）くらいだ。

なぜここにたくさんツーリストが来るのか自体良く分からなくなってきた。インドはシラフでいるところじゃない。タバコが安いのは救いだ。せめてライブハウスくらいあればいいのだが。

あーこりゃ報告じゃなくて愚痴だなスマン！

では～

何か変化があったらまた連絡するよ
きた

このメールには少なからず衝撃を受けた。ウモッカ調査を彼がほんとうにやっており、それでも成果があがらないのもショックだったが、それ以上に「テレビを見るときしか楽しみがない」という一文に沈黙してしまった。テレビとは、親切なホテルの従業員に借りた古くて小さい白黒テレビだと数日前の報告にあった。それが唯一の楽しみなのか……。

現地特有のやるせなさが切ないほどの冷たさで糸電話から滴《したた》ってきた。

初めてキタが可哀相《かわいそう》だと思った（今までそう思ったことがないというのが問題だが）。

なんとか、彼に少しでも楽しい思いをさせてやりたい。

とにかく、一日一回のメールでは詳しい話が全然できないので、電話で相談しようと思い、そう書いて送った。


日本潜伏も限界に近づいていた。

なまじ、ブログなんてものをやっているからいけない。インドの現地はネット環境にあると明言していたし、もしそうでなくても、友人でもある管理人に報告を頼むこともでき、読者もそれを知っている。

インドへ旅立ってもう三週間。いまだ音沙汰《おとさた》がないのはどう考えてもおかしい。不審に思われるのはまだしも、そろそろ私の家族や事情を知っているごく少数の友人のところへ、「高野は大丈夫なのか？」という問合わせが来るようになっていた。家族や友人にしても、心配してくれる人にウソをつきたくない。

しかたがない。いよいよ腹を決めて「告白」することにした。

次のような文章をブログに載せた。管理人が書いたように見せかけている。

2006,01,06, **Friday**

新年明けましておめでとうございます。

遅くなりましたが、高野秀行の件で報告させていただきます。

高野はインドに着いたものの、トラブルに巻き込まれ、いまだ現地には着いていません。

命その他、何も別状なく本人は快適に生活しているようですが、問題解決には時間がかかる模様です。

なお、相棒のキタさんは無事ウモッカタウンに到着、先発隊長として独自に調査をしています。

意を決して行った「告白」だが、いざ画面に出たのを見ると、てんで告白になっていない。

ウソはついていないが、真実についても触れていない。この文章を読んで、私が日本にずっといると思う人はいないだろう。

私のブログを現地で見たキタでさえ、「『行ってない』のを『着いてない』というのは新しい言い方だな」と呆れていた。

失敗だったのは、このインチキな「告白」が事情を知らない読者や友人知人の心配や興味をかきたててしまったことだ。直接間接を問わず、「いったいどうなってるんだ？」という問合わせが押し寄せ、私も関係者も頭を抱えてしまった。

こりゃ、いかん。と私は思った。「いかん」から、もっとちゃんと「告白」しなければとはしかし、思わなかった。

早く日本を出なければ、と思ったのである。ウモッカ探しに出発しなければ、と焦ったのだ。

今すぐインドには行けない。大使館からまだ何も言ってこないし、大使館から返事が来る前に強行突破をはかるわけにもいかない。

周囲の人たちと相談もして、結局、次のような作戦を考えた。

「まず、ミャンマーとバングラデシュで調査をしながら、インド入国許可を待つ」というものだ。

ミャンマーとバングラへ行くというのは前からの選択肢としてあった。ウモッカタウンと同じベンガル湾に面した海岸を持っているからだ。海の魚（生物）であるウモッカは同じ海域の別の国の漁船で捕まってもまったく不思議はない。しかも、ミャンマー、バングラ両国とも、もともと海魚を食す習慣が一般にないうえ、国は極度の財政難に喘《あえ》いでいる。魚の研究はおそらく手付かずのままだ。外国の研究者もろくに入っていないと思われる。地図をよく見れば、バングラは遠浅でウモッカタウン付近とは海の様子がちがうが、ミャンマーの特にヤカイン州のあたりなど、まさにウモッカタウンの対岸で海の深さも同じくらいだ。

そう思うと、どんどんそっちに可能性が秘められているような気がしてくる。カルカッタ空港でこの案を考えたときは、「インドに失恋して、すぐほかの女（国）に行けるか」と思ったものだが、さすがに三週間も経つと、失恋の痛手は薄れてくる。しかも、本命インドを諦めたわけではない。あくまで先にミャンマー、バングラをまわるだけである。お楽しみのメインイベントは最後に、といったところだ。

タイミングよく、キタから電話がかかってきた。ちょうど自虐映画ビデオを返しにレンタルビデオ屋の前に自転車を止めたところで、携帯が鳴った。

こんなところで、ウモッカタウンにいる男と話をするのは、ひじょうに不思議な感じがした。

「いやあ、久しぶりだねえ」という呑気《のんき》なキタの声がえらくなつかしい。

話は簡単だった。キタに「心を洗いたくないか？」と訊いたら、「いやあ、洗いたいねえ」というから、ミャンマー、バングラがいかに楽しいところかを話す。ミャンマーはともかくバングラなんぞ私だって行ったことがないのだが、そんなことはてきとうにしゃべる。

キタもウモッカタウンから逃れられるならどこでもいいよという感じで、話はあっという間にまとまった。

ただし、互いに条件を一つずつつけた。

私のほうは、キタに最後の調査を頼んだ。例の「テレビのニュースでやっていたワニのような魚」について、その辺鄙《へんぴ》な漁村に行って調べてほしいというものだ。ワニ魚は今回のキタ1号による調査ではいちばん気がかりなものだから、それだけはどうしてもやってほしい。

キタのほうは、一度日本に帰るという。例の「倒産寸前の会社」は依然として休眠状態にあるが、そこが彼の厚生年金保険を払ってくれていたので、辞めるにしても再開を待つにしても、一度社長に会って話をし、手続きなどをしたいという。

互いに異存はないので、この新路線で進むことに決定した。

まず、キタはワニ魚の調査に行き、それからウモッカタウン→カルカッタ→東京という行程で日本に戻る。会社に行くのは一日でできるだろうが、中一日で出発させるわけにもいかないので、まあ一週間ほど休んでもらう。

以上を計算すると、キタの帰国（これまた一時帰国だが）は一月十四日ごろ、私たちの再度の出発は二十日ごろとなる。

「よし！」

キタと話し合って合意に達すると、心身に力がみなぎってきた。空回りを続けていたギアがやっとガチッとはまったような感じだ。

私はまだ終わっていない。勝負はこれからなのだ。

イ　ヌ

目標が決まったときの私は早い。

さっそくミャンマーで旅行会社をやっている友人と連絡をとり、同国の「西海岸」について訊ねた。

すると、「まだ外国人が行ってない地域がたくさんある。必要なら許可を申請してあげる。ただし、町ならＯＫだけど、辺鄙な漁村エリアは許可を取得するのは難しいかもしれない」とのことだった。

私もミャンマーの事情はまあまあ知っているから予測はしていたが、案の定外国人があまり入ってない土地のようだ。

辺鄙な漁村に行けないというのは、さほど問題ではない。というのは、キタ１号の調査により、ウモッカに限らず大型の魚類はある程度大がかりな漁でないと獲れないことがわかっていたからだ。

網も大きくなければいけないし、網が大きいなら船も大型でなければならない。それに、大型の魚を獲っても市場《しじょう》がなければ売ることもかなわない。

つまり、小さい漁村では大きな魚は初めから獲らないし獲ろうともしないだろう。その点、町ならしっかりした船もあれば市場もある。サメ自体は現地で食べる習慣がなくとも、ヒレは中国人に高値で売れる。

今は世界中どこでもサメの乱獲を厳しく禁止しているが、ミャンマーはなんせ常識の通じない国である。国際世論や先進国の圧力を無視する度胸にかけてはイランや北朝鮮にひけをとらない。しかも、今は中国の半植民地みたいな状態だから、他で入手できなくなった、しかし中国人が大好きなサメをガンガン獲ってフカヒレを輸出している可能性もある。

サメの乱獲はやめてほしいと私でも強く思うが、いっぽうでは、大型のサメの捕獲に熱心ならサメ似とされるウモッカもついでに捕まっている可能性がじゅうぶん考えられ、期待は高まる。

それから、ミャンマーの田舎の「町」というのは、一般の国の町ではない。中心部でも電気なんかろくに通ってないし、ちょっと町はずれに行けば、農民や漁民は草葺《くさぶ》き高床の家に住んでいるといった具合だ。たぶん、インド人が見ても、「辺鄙な村だな」と思うにちがいない。

よっしゃー！

奮い立った私はさっそく友人に許可の申請やさらなる情報収集をお願いするいっぽう、自分は埃《ほこり》をかぶっていたビルマ語のテキストや辞書、単語帳を引っ張り出して、リハビリをはじめた。

バングラデシュは別の意味で楽しみだ。なにしろ、この国は「地球の歩き方」など、一般のガイドブックシリーズから完璧《かんぺき》に無視されている。書店でめったに見かけない「旅行人編集部」が作製したガイドしかない。

それくらい旅行者が行かない場所なのだ。

もちろん、英語のガイドや本はあるし、日本から生活支援や環境保全のNGOはいくつも行っているから情報は集めようと思えば集まる。そちらの方も並行して進めていた。

ベンガル語のテキストを買って眺めたところ、思ったほどオリヤー語には似ておらず、やや落胆したが、テキストがあるだけオリヤー語よりマシである。時間がないから、こちらは現地を旅しながら覚えるしかない。

電話で話をしてから四日間、キタから連絡が途絶えていた。まず第一に、帰国の準備をして今後の日程を知らせてくれと頼んでおいたのに、いったいどうしたんだろう？　またキタ1号が暴走しているのか？

またといっても、暇人キタ1号はのんびりしているのが最大の特徴だから暴走なんぞ頼んでもしてくれないのだが、思わぬ落とし穴にはハマりそうな気がする。それまで二日とあけず、メールを送ってきていたのでなおさら心配だ。

病気、事故、現地の人とのトラブル……と、私の心配は妄想として膨れ上がった。

「キタ1号応答せよ！」という念を一生懸命送っていたら、それが届いたのかどうか知らないが、五日目にやっと連絡が来た。

メールのタイトルが「それがその……。」とあったので、やっぱり何かあったのか、とギクッとしたが、杞憂《きゆう》だった。

キタはウモッカタウンから数十キロ離れているとされる土地へ、例の「ワニ魚」の調査に出かけていたのだ。「カカトプル」とかいう名前の村だ。

私は帰国予定を立てて、それを報告してからワニ魚調査に行ってほしいと頼んだつもりだったが、例によってうまく伝わってなかったらしい。

さて、ワニ魚調査である。

彼はまず近くにあるコナーラクの町に行った。すると、彼曰く「インド独特の事件」が起きた。

カカトプルには漁村がない!!

こりゃどういうことだ？　と、数人に訊いてみたのだが、無いってとこだけは珍しく一致した。

そしてウモッカの絵についての答えは、「見たこと無い」「チルカ湖（イルカの名所）に行け」と、いつもの答えだった。チルカ湖のイルカにはこんなトゲトゲの背中があるのか？　と訊いたらイエース！　だった。まあこれはウモッカタウンでも

あったことだ。予想通り。

（ワニ魚の）ニュースを見たという人間は、（サンタナホテルの）フォクナ氏以外いないのも気になる。カカトプル（KAKATPUR）の名前も彼から聞いたその土地の位置も確かなのだが。

まったくいい加減な情報である。テレビでやっていたなら、知ってる人がたくさんいるはずなのに、宿のオーナー一人だけしか知らないとはどういうことか。

キタはそれでも頑張ってカカトプルまで行こうとしたが、コナーラクでも英語がギリギリ通じるくらいで、村などに行ったらとても英語など通じそうにないし、コナーラクの人もそう言う。

言葉はわからないし、地図を探しても、ヒンディー語のものしか見つからない。通訳を探そうと頑張ってもみたが、大金をふっかけてくるインチキくさいヤツしか見当たらない。結局、キタはコナーラクに三日滞在したが、断念してウモッカタウンに帰ってきたのだ。

彼は「日常会話といわず、それなりのオリヤー語かヒンディー語が話せたほうがいい」と私にアドバイスめいたことを言っている。私は「それなりのオリヤー語」なら話せるはずなのだが。

いつものように、「オレが一緒にいれば……」という思いと、「やっぱりガセネタだったのか」というため息が混じったが、ある程度予想していたことでもあるので、さほど落胆はしなかった。

キタはよくやってくれた。これで遠隔操作をしている私としても今回の調査ではもう心残りはない。あとは彼がすみやかに一時帰国し、一緒に「第二次遠征隊」出発に向けて動いてもらいたいだけだ。

キタにその旨をつたえ、彼も「りょうかい！」と元気そうな返事をよこした。

彼の言うところでは、三日後（十七日）に列車でカルカッタに戻り、そこでなるべく早い便を予約して帰るということだった。

マレーシア航空のフライトをチェックすると、最速二十一日には日本に帰国する。彼の休養と所用に一週間とるとして、二十八日。そう、早ければ一月二十八日にミャンマーに向けて出発できるのだ。

まず、バンコクへ行き、ちょっと彼に外国の都会の楽しさを味わってもらってから、ミャンマーの首都ヤンゴンへ飛ぶ。そこから西海岸の漁村を一ヶ月ほど訪ね歩き、成果があればもちろんそこで終わるが、なければそこからダッカに行く。カルカッタ空港で私を悩ませたバングラのダッカだ。バングラでは二週間から三週間くらい滞在しよう。その間にはインド大使館から何がしかの助力が得られるだろう。つまり、締めはインド・ウモッカタウンということに相成る。

今度こそ、いいことがありそうな予感がした。「ドーハの悲劇」を上回る「カルカッタの悲劇」で激しくマイナスに落ち込んだ分、今度はグンとプラスの結果が出るんじゃないか。

旅行代理店に電話して確認したところ、一月下旬から二月初めはシーズンオフなのでバンコク行きの飛行機は空席があるようだが、早めに予約するにこしたことはない。キタの帰国日を早く知りたいところだ。

ここでキタ1号の欠点である「報告機能」が問題となった。キタには、ウモッカタウンからでも電話で飛行機の予約をするように言ったのに、全然連絡してこない。メール自体がストップしている。またなにか行き違いがあったのだろうか。

全然連絡がないといってもたった三日だが、今の私には「いつまで経っても……」という感じがする。

一月十八日、四日ぶりにやっとキタからメールが入った。が、タイトルを見た瞬間、私の目は点になった。

スマン野犬に咬《か》まれた！

え？　野犬？　どういうことだ？

メールの本文はこんな具合だった。

おととい（1月16日）、普段は吠《ほ》えるばっかで襲ってはこないへなちょこなはずの野犬に後ろから飛びかかられ、咬まれてしまった。
早々に帰る予定だったんだけど、インドの野犬といえば狂犬病。狂犬病は発症しちゃったらどこの国の病院でも100％アウトの恐ろしい病気の為《ため》、早々にワクチン注射をしなければいけなかった。現在カルカッタの病院にてワクチン治療中。治療は注射だから、入院ではないのだが、何回も打たなければいけないため、しばらくカルカッタから動けない。
数日おきに6回注射を打っていくんだけど、初回が18日（今日）次が21日、その次が25日そのまた次は2月の1日、と、だんだん間隔が長くなっていき、最後の2回が2月17日と4月15日の予定になっている。（前に予約した）フライトが現在2月

4日だから、なんとか頼み込んで最後の2回は日本で引継ぎ治療出来るようにする予定。

高野本部長すまない。こうなると自分の命がカワイイ。今回は無理そうだ。

では〜


私はしばらく身じろぎもせず文面を見ていた。

数秒たってからやっと思ったのは「『では〜』はないだろ、『では〜』は」ということだった。

実際、そのくらいしか感想が浮かばないのだ。だって、一瞬にして、第二次ウモッカ遠征隊の計画が潰《つぶ》れてしまったのだ。

あとは帰国だけというのに、こんな落とし穴があったとは。しかも、ほとんどマンガのようなベタな展開である。いや、今時マンガだって「いいかげんにしろよ！」と読者が怒る。野犬に咬まれるか、ふつう。

「人生一瞬先は闇《やみ》」再び、だ。

いやはや、もう何とコメントすればいいのやら。

キタの心配はよくわかる。インドの野犬には狂犬病に罹患《りかん》しているものが少なくないと聞く。それに、インドにかぎらず、ふつうに道を歩いている人間を後ろからいきなり飛びついて咬むなんてイヌはめったにいない。狂犬病にかかっているイヌである可能性は高いだろう。

ただ、それが狂犬病のイヌだったとしても、咬まれて必ずしも感染するわけではない。ネットで調べたかぎりでは、感染しても発症するのは三十二〜六十四パーセントだという。そして発症前にワクチン治療を行えば発症することはまずないとされている。

つまり、キタがこれから狂犬病を発症する確率は極めて低く、たぶん私が明日、都内で交通事故に遭って死ぬくらいの確率だと思うが、しかし「発症したら致死率百パーセント」というのは恐ろしい。ガンなんかよりずっと恐ろしい。

それを考えると、キタが発症前に病院でワクチン治療を受けることができてほんとうによかった。

だが、それにしても……。

キタは帰国後も四月半ばまで治療を受けなければならない。これでは二月上旬どころか、今季の出発は絶望的だ。ウモッカのシーズンが終わってしまう。

「はあ……」私はため息をついた。

残念ながら、もうダメだ。少なくとも、今季は。私一人が行くという手はもちろんあるが、すでに私をおしのけウモッカ探索隊の隊長的存在となっているキタ抜きでこの計画は考えられなくなっていた。しかも、彼は発症したら致死率百パーセントの病気の治療中なのである。

それだけではない。

私の入国失敗につづき、キタの帰国失敗……と、ふつうはありえないような災難がたった二人の隊員をそれぞれ襲っているのである（「災難じゃなくて単なるマヌケだろ」という声もあるが、ここはわれわれの危機的状況にある精神衛生のためにも災難と考えたい）。

ウモッカの呪いかどうかはしらない（繰り返すが、そうだとしたら、ものすごいフライングである）。でも、どうも今回はツキに見放されているとしか思えない。

あーあ。私は椅子《いす》の背もたれに体をあずけ、両手を広げて大きく伸びをした。

「終わったな、これで……」

極秘潜伏おわる

ウモッカ第二次遠征計画が野犬の一咬みで命運を絶たれ、三日たった。

例によって優柔不断な私はぐずぐずと迷っていたが、結論はもう出ている。断腸の思いで今度こそほんとうにブログ上でカミングアウトした。

ブログへの書き込み、メール、電話などが殺到したが、意外にもコメントの多くは、「高野さんらしいですね」「これも想定内なのでは？」「また、やってくれたな！」といった好意的なものだった。

いや、好意的とはちとちがうか。おもしろがってるというのか。

私は自分が思っているよりずっと「アホな奴」と周りで認識されているみたいである。

その中で他の人たちとはまったくちがった反応を示した人が二人いた。

一人は超真剣科学ライターにしてＵＭＡ怪人の本多さんで、彼はしみじみとこう言った。

「やっぱりウモッカの呪いですかねえ……。ＵＭＡにはよくあるんですよ。まあ、ウモッカ自身に悪気はなかったと思いますが……」

悪気か。私もそんなものがあるとは思いたくない。あったら怖いし……。

それを上回るようなユニークな反応をしたのはウモッカ唯一の目撃者モッカさんだった。

電話で私の説明を聞くなり、「高野さん、それ、すごいですよ！」と興奮して言った。

「もうアートなんか超えた、まったく新しいジャンルですよ」

アートを超えた？　ジャンル？

何を言ってるのかさっぱりわからない。ポカンとしていると、彼は補足の説明をしてくれた。

「日本人ですごく有名な芸術家がいるんです。世界中の紛争地に行って、お地蔵さんを彫って、それを写真に撮るってだけなんですが、それがアートとしてもう国際的にすごく高く評価されているんです。

それから、その人ほど有名じゃないけど、やっぱり海外のいろんな国へ行って、素っ裸になってフラフープを回すっていう人もいます。

高野さんはその人たちにも似てるけど、なんか、もっと凄いというか、もう新しいジャンルですよ、やっぱり！」

正確かどうかわからないが——なにしろ話がよく理解できなかったもので——こんなようなことを言った。

外国ですっぽんぽんになってフラフープを回す人に似てるのか、オレは。いや、もっと凄いってことは、もっとどうかしているのか。

芸術家の考えることはさっぱりわからないが、感心してくれているのは確かなようなので、ちょっと嬉しくなり——まさかこの一件で感心してくれる人がいるとは思わなかった——丁重に御礼を言っておいた。

でも、それを言うなら、この一連のウモッカ騒動自体がアートを超えた新しいジャンルなのではないか。で、モッカさんがその総合演出家なのではないか。


キタは狂犬病を発症することもなく、カルカッタで快適に養生しているらしい。何もすることがないから、タロット占いを研究しているという。

もう十年くらいカードに触れてもいないと言っていたが、ウモッカタウンへ行ったとき、ウモッカ探しの占いと地元民との「触れ合い」の道具を兼ねて、カードと研究書を是非もって行くよう、私が勧めたのだった。

「まさか、こんなところでタロットが役に立つとは思わなかった」と彼は書いている。そうだよな。もっと早く役に立てばよかったのにな。私が入国拒否される前とか、キタがイヌに咬まれる前とか。

キタはもう一つ驚くべきことを報告している。最初ウモッカタウンで病院へ行き、イヌに咬まれたことを説明して一回目のワクチンを打ってもらった。そのときのカルテをもらってカルカッタの病院へ行ったのだが、実はウモッカタウンのワクチンは狂犬病のではなく、破傷風のものだったというのだ。

もし、キタがカルカッタ行きの列車の切符をとってなく、ウモッカタウンに滞在しつづけたら、そのまま無意味な破傷風の注射を打たれ続けた可能性大で、「キタ隊長殉職！」とか「さよなら暇人キタ1号！　ぼくらは君を忘れない」とか、こんな冗談などとても言えない、ほんとうに取り返しのつかないことになっていたかもしれない。

そう考えると、帰国直前に咬まれたことも「運がよい」ということになり、まさに禍福《かふく》はあざなえる縄のごとし、人間万事塞翁《さいおう》が馬、何が幸運で何が不運なのかもわからない。キタはできるだけ早く帰国したがっていたが、ワクチンを打つ日とフライトの日が重なったりして、結局、帰国は二月四日まで待たなければいけないとのことだった。

私が本多さんのコメントをメールでキタに教えると、彼から返信が来た。そして、それはキタ隊長からの最後の報告となった。一月二十九日のことだ。

＞「ウモッカ自身には悪気はないと思うんですが」
それは確かに無い（笑）。本多さんもそこは正しい！　オレ達も未確認動物のマジックにやられたか？

今となっては犬には咬まれヒマだらけで魚も捕まらず、ふんだりけったりだったが、なぜか居心地だけは良かった。おねだりはされ、情報はひとりひとりデタラメ。何が良かったのかも分からないが、次は半年滞在だ、とか考えている自分がいるのがなお分からん。
とりあえず無事だよ。発症したら日本では35年ぶりくらいのはずだ。ウモッカマジックも相当の威力ということになる。オレも本望……の訳なーい！
今日はインド映画を見に行ったところ、「踊るマハラジャ」となんの変わりもなく、ヒーローが悪を退治して踊る、ベンガル語を知る必要もない傑作だった。

では〜

きた

次は半年？　おお、キタ隊長、まだやる気じゃないか！

「よっしゃ！　もう一度、キタとチャレンジだ！」

私は静かに拳をギュッと握った。

失望と期待もあざなえる縄のごとしで、塞翁が馬はいったいどこで終わるのだろうか。

キタ帰る

私は黙って人々の顔を見ていた。

黒々と日焼けした顔、もともと人種的に黒い顔、白い顔、楽しげな顔、疲れた顔、若々しい顔、年輪が刻まれた顔……。

しかし、私が探している顔はたった一つ、キタの顔であった。

二月四日、私は成田空港の到着ロビーの出口に立っていた。毎年何度もここを通っているが、誰かを待って立っているのは十年ぶりくらいである。

時間がやけに早く感じられる。ふつう、待っているときは長く感じるものなのに。キタがなかなか姿を現さないのだ。マレーシア航空０８９便の飛行機が到着してからすでに一時間、同便の「税関通過中」のサインが出てからも三十分が過ぎようとしている。マレーシア人とおぼしき人たちもとっくに通り過ぎてしまっていた。

「ほんとうに今日の便に乗ったんだろうか。それとも、まさか……」

私の想像は最悪の方向へむかいだした。根拠がないわけではない。

またしてもキタから連絡が途絶えていたのだ。彼は何もせずにカルカッタでごろごろしているはずだし、ネット好きな彼が安宿街にいくらでもあるネットカフェに足を運ばないとは考えにくい。

まあ、もうオレに報告することもないしな、と初めは気楽に考えていたが、それが五日にもなり、結局帰国日を迎えてしまうといやおうなく不安が募る。

一つ、考えられるのは、いちばん考えたくない可能性——つまり、彼がなんらかの原因でネットカフェにもいけない状態に陥ったということだ。そしてそれが狂犬病の発病だったら……。

今回はなんにしてもツキがない。どんな災難が降ってきても不思議はないのだ。

「キタが帰ってきますように」私はどの神ともいわず、祈りはじめた。数珠《じゅず》のかわりに、「ウモッカのトゲ模型」が入ったプラスチック・ケースを握り締めた。

インド入国拒否の憂き目に遭って以来、これが私の「御守り」になっていた。キタから「知ってる人は誰もいない」というネガティヴな報告が届くようになってからというもの、私の心はぐらぐらと揺れ動いていた。インド再入国チャレンジに全力を注いでいたが、それは言い換えれば、最悪の可能性を否定するアリバイでもあった。最悪の可能性とは、私がインドに行けないんじゃないかということではない。ウモッカなんて、最初からどこにもいない夢まぼろしじゃないのか――。

それこそが私にとって恐怖そのものだった。そして、その恐怖は発作のように突然襲ってきた。

そんなとき、急いでトゲ模型を取り出し、しげしげと眺めた。すると、心はすぐに静まる。いつ見てもすごいトゲである。モッカさんがいくら不思議な人とはいえ、これだけ明確に見たものが存在しないわけがない――。そう確信するからだ。

だから、私はトゲ模型のケースをいつも持ち歩き、不意の恐怖症に備えていた。未知動物探索版「救心」である。

今、またそれを手にして祈っている。ギュッと握り締めて祈っている。しまいには「ウモッカなんか見つからなくてもいいからキタを返してほしい」とまで祈りかけたが、それを言ったらおしまいだ、どうしようかと悩みだした。迷信も迷心もここに極まれりである。

時計の針はどんどん過ぎる。心臓の音がバクバク言いはじめた。

到着後一時間二十分が経過し、私は状況に耐えられなくなった。誰でもいいから空港職員を捕まえて乗客名簿を調べようと動き出したときである。

人気の途絶えた出口から、ひょろっとした男がよろよろと現れた。

キタであった。

「おーい、キタぁ！」私は大声で叫んだ。

「ほいよ！」いつものように、のんきな調子でキタも手を振った。

キタを間近で見た瞬間、どうして出てくるのがこんなに遅かったのかわかった。

ひどい格好をしているのだ。シャツの上も下も、いかにもインドで買いましたという、ペラペラぶかぶかの民族調の服だし、メガネはほこりでぼやけているし、そのうえ素足にゾウリばきだ。

その素足がまた汚い。垢《あか》とも泥ともつかない汚れが日焼けの肌にこびりついている。

足ほどではないが、顔や手、首筋も同じように黒光りしている。相当長いあいだ風呂《ふろ》に入ってないのだろう。

駄目押しに、肩まで垂れた長髪に無精ヒゲがぼうぼうに伸び、驚くほどやせこけている。

どこからどう見ても、「ザ・ヒッピー」であり、こんな歴史民族博物館に飾りたいような風体《ふうてい》の人間を簡単に通したら税関職員の仕事はないに等しい。

「いやあ、税関で、すっげえいろいろ調べられてさ、まいっちゃうよ。ゾウリまで脱がされて、係官がゾウリの底を調べるんだよ。何、考えてんだろ、ほんと」

何考えてるって、そりゃ、ウモッカタウンの名産品が隠されてないかってことだよと言いたかったが、それはさておき、キタは元気そうである。よかった。ほんとによかった。ついでにいえば、「ウモッカが見つからなくてもいいからキタを返してほしい」なんて早まったことを祈らなくてよかった。自力で帰ってきたんだから。

とりあえず都内に出ようと新宿行きのリムジンバスに乗る。汚いヒッピーにリムジンバスは不似合いだが、いつもガラガラのこのバスなら他の乗客に迷惑がかからない。

腰を落ち着け、バスが発車すると、私は言った。

「いや、ほんと、今回はどうなるかと思ったよ」

するとキタは「今回どうなるかって、どの話よ？」と笑いながら首をかしげた。私は今さっき、キタが出てこなかったときのことを言ったのだが、わかってないようだ。

「高野がイミグレで止められたときとか、カカトプルに漁村がなかったとか、オレがイヌに咬まれたときとか、なんか、たくさんあるんだよね」

「そうだな、ありすぎだよな」私も苦笑した。

「いや、まったく参ったよ、体重が十キロも減っちゃってさ……」とキタは言った。

「発症したらどうしようって思うと、もう飯も食う気がしないし、食わないもんだから力も出やしない、宿から外に出る気力がないのよ。でさ、朝から晩まで、安宿の屋上に置いてある長椅子に寝そべってたわけ。ネットカフェどころじゃないよ、へへへ……」

シリアスな内容とは裏腹の、いつもの能天気なキタ節である。いや、いつも以上に能弁だ。よくしゃべる、しゃべる。

「でも、すげえことに、カルカッタの同じ宿に犬に咬まれたって奴がオレのほかに二人もいてさ、みんな日本人なんだけど、一人はえらいイヌ好きでさ、咬まれたのに病院にもいかないし、まだ近所のイヌをなでたりして、もう、イヌはよせって、それよか早く病院行ってワクチン打ってもらえってみんなで説得して、いや、バカだね、ほんと……」

私はそれをおもしろく聞きつつ、「あー、キタは外国の旅から帰ってきたんだな……」とつくづく思った。身なりこそ薄汚いが、生き生きと語る仕草がなんだか眩《まぶ》しい。

キタは現地へ行き、私は行かなかった。ただそれだけのちがいだが、それがいかに大きいことか。

現地へ行った者がえらいとかいう問題ではなく、物理的な問題のような気がした。いわば、熱は温度の高いものから低いものへ流れるという熱伝導の法則である。キタはインドでよくもわるくもたくさん熱を蓄えてきたのだ。一緒にいると、そのインドの熱がいやおうなくこちらに流れ込んでくる。

エンドレスで続くキタの話を聞きながら、私はあらためて「よし」と決心した。

もう一度、二人でインドへ行こう。

「うひゃ、寒いなあ！」新宿駅の構内を出ると、キタは悲鳴をあげた。二月の寒風が吹き荒んでいるさなか、素足にゾウリでは寒いに決まっている。

食欲はないと断言しながら、「どうしてもウェンディーズのハンバーガーが食いたい」というので、新宿西口の店に行き、食わせてやった。

私はすぐにでも本題に入りたかった。本題とは、二人でウモッカタウンへ再調査、いや今度こそ本格調査に行くという話だ。

すでにキタはメールで「次は半年滞在だ」と書き、やる気を見せていたが、あれから狂犬病の件でだいぶ精神的に参っているようだし、やっとこ日本に帰ったら、もういいやという感じにもなるだろう。

強引に誘うのはよくない。ごく自然に、「じゃあ、来年もう一回、行こうぜ」というふうに話をもっていかなければいけない。

あらためてウモッカと漁村について訊ねる。ネガティヴな情報の中から、彼のやる気をそそるようなポイントを探し出し、そこから盛り上がりたい。

キタの話は、だいたいメールに書いてあったことだったが、一つだけ、初めて知ったことがあった。というより、そのとき急にキタが「あ、そうそう」と思い出したのだ。

「ウモッカじゃないんだけどさ、なんかヘンな魚を見たんだよ」

「へんな魚？　どんなの？」

「ウナギイヌなんだ」

ウナギイヌ？　あの赤塚不二夫のマンガ「天才バカボン」に出てくる、四足で歩くウナギのような犬のことか？　キタ、だいじょうぶだろうか。犬に咬まれておかしくなってるんじゃないか。

「ウナギイヌって、どんな形してるんだ？」

「だから、バカボンに出てくるのとそっくりなのよ。そりゃ足はないけど、それ以外は一緒。ナマズみたいにぬめっとしていて、細長くて、口はあつぼったい唇になってる。とにかくウナギイヌそのまんまなんだって」

「それ、何、いったい？」

「いや、だからウナギイヌだって」

「そうじゃなくて、正体はなんなんだよ？」

「わっかんねえんだよ、それが。図鑑見てもそれらしきものは全然載ってないし。だいたい、海の魚にも見えん」

「アンコウとか深海魚の一種じゃないの？」

「いや、アンコウはオレも見たけど、全然ちがう。ていうか、これ魚かって感じ」

なんだか、モッカさんがウモッカを見たときの感想とそっくりだ。よくわからんが、おもしろそうじゃないか。なにより、キタの語り口が熱い。

「なんだろ、それ」

「いや、だからウナギイヌなんだよ」

「そっかあ、ウナギイヌかあ」

キタはウモッカ探しには失敗したが、新しい謎の怪魚を目撃して帰ってきた。それもウナギイヌ。

来季は、またキタと一緒に、今度はウモッカとウナギイヌの二枚看板でインドに出かける――。想像しただけでワクワクしてくる。そうだ、これで行こう。

「じゃあ、キタ、来年の冬こそ一緒に行こうぜ。その頃にはインド入国の目処はついてるだろう」私はキタの目をまっすぐ見て言った。

すると、キタはタバコの煙をフーッと吐きながら、首を振った。

「いやあ、ウモッカはもういいよ。イヌにも咬まれたし、あの町にも当分行く気しねえな」

ええー!? だって、また行きたいって言ってたじゃないか。あれはどうなったんだ?

ショックを押し隠しながら、キタにそう問いただすと、彼はごく気軽な調子で答えた。

「いや、あれはインドの他の町に行きたいってことよ。ヴァラナシとかゴアとか。あ、南インドがいいって言ってた奴もいたな……」

なんてこった。ふつう、ここまでウナギイヌで盛り上がったら、「じゃあ、次は二人でそれを……」となるだろう。小説やマンガや映画では絶対そうなる。がっちり握手なんかしたりして……。どうして、そういう美しいエンディングにならないのか。

現実は厳しい。ほんとうに厳しい。予定調和的ストーリーは一切受け付けてくれないのだ。

私たちはハンバーガーを食い終わると、外に出た。駅まで歩き、JRの改札口までキタを見送った。

「ほんじゃ、またね」キタはニコッと笑い、右手を軽く挙げると、雑踏のなかに歩いて行った。私も手を振ってしばらく見送った。そして、思った。

現実は厳しい？　予定調和を受け付けない？

でも、リアル・ストーリーはそこがおもしろいのだ。調和もへったくれもないからこそ、謎の怪魚が見つかるかもしれないのだ。

私は肩からかけたバッグのなかに手をしのばせて「御守り」であるトゲ模型ケースを握った。そして、去り行く元「御守り」にして「秘密兵器」の後ろ姿を見ながら、祈った。いや、誓ったというべきか。

「絶対にキタを説得して一緒にインドに行く」

明日からまたその手立てを考えなければいけない。

その後のウモッカ格闘記

二〇〇六年二月にキタが日本に帰国してから、早一年あまりが過ぎた。われわれウモッカ探索隊にとって、難儀な一年であった。まず、相棒キタである。狂犬病のワクチンを打っているかぎり、発症する確率は限りなく低いはずだが、本人は「もし発症したら……」と思うらしい。発症したら致死率九十九パーセントの病気だから無理もない。

狂犬病を待たずして、狂犬病恐怖症が発症してしまった。

「夜中に突然目が覚めて、気分がちょっとでもよくないと、『あー、オレ、もう死ぬ……』とか思ってさ、遺書なんか書いたりしたよ。え、今？ 今もときどき調子の悪いときは遺書を書いてるなあ」と、電話口では努めて明るく話していたが、ほんとうに辛《つら》かっただろう。

四月半ば、ワクチンを全部打ち終わると、さすがに発症の確率がほとんどなくなり、キタの狂犬病恐怖症もおさまってきた。

「そろそろ仕事に戻りたい」とキタが思いはじめた矢先、インド滞在中に休眠状態に陥った会社が正式に会社をたたむことになった。これでキタも正式に失業である。

その後、いろいろあって、結局彼は昔とった杵柄《きねづか》で、タクシーの運転手に転身した。

彼が犬の呪縛《じゅばく》から解き放たれたと聞いたとたん、私はすぐに「じゃ、今年もう一回、ウモッカ探しに行こうぜ」と話を持ちかけた。

キタはふにゃっと笑って答えた。

「いいよ、インドじゃないところなら」

うーん、彼を説得するのは生半可なことじゃなさそうだ。


いっぽう、私のインド入国問題はどうなったか。

まず、インド大使に出した直訴状の返事が来ない。それでもしつこく「どうなっているのか？」というメールを出したところ、五月初めに、一等書記官から「まだ外務省から回答はないが、もし必要なら、次回インドに行くとき、大使館から特別なレターを書く」という返事が来た。

やったー！　私は狂喜した。ビザのほかに大使館のレターがあれば、ほぼ間違いなく入国できる。インド入国問題で相談に乗ってもらっている入谷のパンダさんに早速報告したところ、「先週、大使主催のパーティがあり、その席上で私が大使に頼んだんですよ」と笑って言った。

パンダさんが頑張ってくれたのだ。感謝するしかない。

こうして、半年近くの格闘の末、インド入国を勝ち取った。次こそは、と再び調査の準備をはじめた。

キタの報告により、現地ではふつうにヒンディー語が話されていることが確認されたし、オリヤー語より使用範囲が圧倒的に広く、しかも教科書も辞書もあるから、今度はあらためてヒンディー語の学習に入った。

いろいろと探しまわったが、最終的には、たまたまインターネットで見つけた先生に習うことになった。滞日四十年にもなる在日インド人界の大物、ナレシ・マントリ先生だ。

七十七歳のマントリ先生は、ヒンディー語・サンスクリット語の教師・研究者としても名高いが、いちばんの専門は仏教とくに法華経《ほけきょう》の研究である。

私は先生の自宅に毎週通い、法華経の資料で埋もれた書斎でヒンディー語を習いはじめた。マントリ先生はインドの言語と哲学、宗教については権威と言っていい存在なので、ただヒンディー語の初級を習っているだけでも、「インドの真髄」に触れているような気がした。

入谷のパンダさんも、オリヤー語の先生だったジェナさんも「え、マントリ先生に習ってるの？　すごい！」と驚いていた。

「いよいよこっちに運が向いてきたな」――そうほくそえんでいた私を待ち受けていたのは、しかし予想もしない落とし穴だった。

十月に入り、そろそろ特別レターをもらう準備をしようと大使館の一等書記官にメールを出したが、返事がいっこうに来ない。しかたなく大使館に直接電話したところ、日本人の女性スタッフが出て、「その方はもうインドにお帰りになりました」と言う。え!?　と驚いて、では、私の案件のもうひとりの担当者である三等書記官をお願いすると、そちらも「もう帰国しました」。さらに、肝心のインド大使とその秘書も帰国しており、なんと私の案件を知っている人物は上から下まで全員日本を去っていたのだった。

唖然《あぜん》としながらも、「では、新しい方にこの案件を引き継いでいただきたいのですが……」と頼んだところ、スタッフの人は「それができないんですよ」と気の毒そうに言った。

「インドの、特に今の方々は、前任者の引継ぎを嫌がるんです。だから、そういうことは言わずに、もう一度申請しなおしたほうがいいですよ」

「え、初めからですか？」

「そうですね……」

私は頭が真っ白になってしまった。全てが無に帰してしまったのだ。「カルカッタの悲劇」再びである。

そうなのだ。アジア人は個人で動くから引継ぎなどしないのだ。誰よりもそれをよく知っている私は深く納得しながら絶望した。

しかし、いったいなんてこった……。

前年の極秘帰国時に逆戻りしてしまった私は、なじみの悪あがきを再開した。

まずはいつものようにパンダさんに泣きついたが、彼も今度の大使は一切面識がないとのことで、「まあ、また手紙を書くしかないでしょう」と力なげに言うのみだった。

前回同様、法の裏をかく手段も考えたが、もはや「怪魚ウモッカ格闘記」の連載がスタートしている。ウモッカは以前と比べて格段に公の存在となっているのだ。さすがにそういう違法すれすれの「ダークな手段」はやめたほうがいいと私も編集者の人たちも判断した。

そうなると、あとは表門から堂々と行くしかない。

私は、在日インド人の尊敬の的であるマントリ先生にお願いすることにした。先生の言うことなら大使館の人たちも軽んじるわけにはいかないだろうと思ったのだ。

ところが、誤算だったのは、マントリ先生が仙人のような人だったことだ。テレビで「水戸黄門」と大相撲《おおずもう》を楽しむ以外は俗世との関係をほぼ絶っている先生は、そんな厄介事を頼むには最も不向きな人物だった。だいたい、先生は、大使館の職員の名前すらろくに知らなかった。

そこをなんとか、と私が無理にお願いした結果、マントリ先生は唯一、面識のある一等書記官の人に電話で話をしてくれた。

そのあと、私がその一等書記官と電話で話し、これまでの経緯を詳しく記した手紙をメールに添付して送付した。

意外にも返事は早かった。四日後、一等書記官から来たメールにはこうあった。

「あなたの案件については、本国のしかるべき担当部署に報告した。これからその部署が審査を行う。その結果が出るまで、あなたに対するビザの発給を停止する」

ええええーっ！

私はパソコンの前で固まってしまった。一見、事態は進展したように見える。だが、インドの政府組織間の連絡はいたって気まぐれである。

なにより痛いのは「ビザの発給停止」だ。今まで、私は組織間のクレバスに落ち、ビザは出るが、イミグレで入国できないという状態にあった。その不統一をどうにかしてほしいと訴えていたら、「ダメ」な方向に統一されてしまったのだ。

インド政府の「審査」など待っていたら、百年かかっても不思議でない。私は、萎《な》えかかった気力を振り絞り、あらためて、インドに関係がありそうな、ありとあらゆる人脈を探った。知り合いの知り合いの知り合い……という具合に枝葉を伸ばしていくと、思いがけない人々にたどりついた。

インド関係の本を数多く書いている作家、チベットからインドに亡命し、現在はダライ・ラマの名代《みょうだい》として日本に滞在しているチベット人、誰でも名前を知っている超大物の日本人政治家、そしてインドの伝統音楽と共演することでインド政府に高く評価されているというアメリカ人の尺八奏者……。

私が想像していた以上に、日本とインドの縁は深くて長かった。なのに、どうして私だけ拒絶されているのだろう。

そして、インド政府の牙城《がじょう》はかたかった。どの人も、外部世界との窓口である外務省・大使館までは少なからぬ影響力を持っているが、その先の内務省は、なにしろ同じ政府内の外務省すら通じていないところだから、なかなか届かないらしいのだ。

インドは常に私の想像を上回る。頭も、こう度々真っ白になると、だんだんショックの実感も薄れてくる。

二〇〇七年一月。

インドへ行けないまま、年が明けてしまった。知人やブログ読者の人たちからは「今年こそ頑張ってウモッカを見つけてください」とか「インドへはいつ出発するんですか？」などとメールや年賀状が来た。

「また行けませんでした」と言うのも辛く、またしても「極秘潜伏」に走ろうかとも思ったが、そんなことは何も問題の解決にならない。かといって、目処は何も立っていない。ないないづくしの八方ふさがりだ。

ああ、インドはなんと遠いのか。まるで昔の人が思った〝西方浄土〟みたいだ。

あとはもう神に祈るしかない、と私は本気で考え出した。

だが、ただ他力本願というのも情けない。自分でも何かしなければ……。

そこで唐突に思いついたのが、沖縄への自転車お遍路旅だった。

「インドへ行かせてください」

道中で出会う、ありとあらゆる神様仏様にそう祈願しながら、インドに少しでも近く、楽土「ニライカナイ」の別称がある沖縄へ行く。この寒空の下、自転車漕《こ》いで。そこまでしたら、気難しいであろう神様も、もっと気難しいであろうインド政府もきっと願いを聞き届けてくれるのではないかという積極的な他力本願なのだ。妻や友人たちからは「何考えてるんだ?」とまた呆《あき》れられたが。

私は、もともと自転車乗りではない。いちおう半年前に買ったマウンテンバイクがあるが、自宅から日帰りできるところまでしか乗った経験がない。そんな状態でいきなり荷物を積んで真冬に長旅ができるのか、目算はなかったがやってみるしかない。一歩でも前へ、インドに近づくために。

かくして一月十五日、私は東京を発った。愛車は、二代目の相棒ということで、キタ2号と名づけた。

標高千五百メートルの峠で息も絶え絶えになったり、下り坂で急速冷凍されて鮮度の高いまま永久保存されかかるなど地道な苦労のあげく、約二ヶ月かけて、人が住む日本最南端の島である、沖縄の波照間島《はてるまじま》まで走ってしまった。

全走行距離は約二千五百キロ。祈願した神仏は、神社・仏閣・教会・モスク・お地蔵さん・道祖神《どうそじん》・その他地元の神様や聖地など、まだちゃんと数えてないが、おそらく三百柱を超えているのではないか。

はちゃめちゃではあるが、神様仏様もこの気概だけは認めてくださったと信じている。そしてこの旅で、私自身思いがけない副産物を得た。

昨年は現地にたどり着けずに極秘潜伏なんかしたうえ、その悔しすぎる顚末《てんまつ》の一部始終をこれまた家にこもって書いたりしたために、ストレスはたまるわ、運動不足にはなるわで、この一年間体調がすぐれなかった。

それが今回の旅では、毎朝五時起きで一日中自転車を漕ぎ、神仏を拝み、夜は九時に寝てしまうという超健全な生活である。驚くほど心と体をデトックス（毒抜き）できた。波照間島に着いたときは、精神状態も体調も「ここ数年で最高」という状態になっていたくらいだ。

そして、南の果ての海を見ながら私は強く願った。

「あー、早く旅に出させて下さい……」

もちろん、旅の行き先はインドである。

東京に戻った今も、インド政府から何も連絡はない。おそらく日本の神仏がインドの神々を一生懸命説得してくださっているにちがいない。

ウモッカ格闘記は現在、天上界に舞台を移している。やがて、インドの神々が慈悲の心をほとばしらせ、かたく閉ざされたインドへの道がゴゴゴーッと開ける日が来るはずだ。

その日を信じて、私は万全の態勢で、戦いが再び地上に降りてくるのを待ちかまえている。

二〇〇七年春、「謎の巨大生物UMA」サイトにて、それまで伏字か「ウモッカタウン」なる仮称で記されていた町の名前が公開された。プリー（プーリー）である。［著者注］

解説

荻原浩

高野秀行の名前を知ったのは、二十年近く前に出版された『幻の怪獣・ムベンベを追え』（ＰＨＰ研究所）の実質的な著者（この本では早稲田大学探検部著となっている）としてだ。

僕はＵＭＡ《ユーマ》（未確認動物）という言葉が存在しなかった頃から、謎の怪獣や巨大生物の話が好きで、コンゴのジャングルに棲むというモケーレ・ムベンベは、そうした人間にとって、当時、ネッシーと並ぶ二大スターだった。それを探しに行ったヤツらの話だ。手に取らないわけにはいかない。

なぁんて、高野秀行を昔から知っていたことを自慢したいばかりに、つい書いてしまったが、じつは手に取っただけで、この時には、本を読んでいない。

理由は単純だ。この本が出ている時点で、アフリカの奥地で太古から生き長らえてきた恐竜（ムベンベの通称はコンゴ・ドラゴン。目撃証言によると、体長は十〜十五メートル）が発見されたというニュースはどこからも伝わっていなかった。貴重な写真や映像が撮られたという事実も。つまり読んでもいい結果はけっして期待できないわけだ。

『ついに出現!? 伝説の怪獣』などというテレビ番組や、東京スポーツの『衝撃写真! カッパ発見』なんて一面記事に、毎度騙されているくせに、その時の僕は「単行本高いし、読んでもどうせ、ムベンベ、出てこないしなぁ」と、いやらしい大人の選択をしてしまったのだ。きれいごとを言わせてもらうなら、いつかは自分も怪獣が棲むという場所に行って、この目で確かめてみたい、などと考えていた年頃だったから、夢を壊したくないという気持ちもあった。

それから幾年月、旅先の書店で偶然、文庫化されたこの本を発見した。『幻獣ムベンベを追え』(集英社文庫）だ。もう壊れて困るほどの夢を持ち合わせていないオッサンになった僕は、他の何冊かと一緒に買いこんだ。どうせ出てこないんだよなぁ、でも文庫だし、と相変わらず実利の計算ばかりしながら。

読みはじめてすぐに思った。もっと早く読んでおけばよかった、と。

面白い。最高に。

なにせ僕のように「いつかは」などとぐずぐず妄想しているだけで、本当はいつになったって行きっこないハンパな人間ではなく、「実在するかもしれないなら、確かめて来よう」と軽々と発想し、すぐに実行に移してしまった連中の話だ。痛快。爽快。唖然。呆然。

刹那的なようでいて、高野秀行は用意周到だ。隊員を集め、スポンサーを探し、必要な機材を調達し、現地とコンタクトを取り、事前調査を行い、現地語をマスターし──目的地へ辿り着くまでのこうしたエピソードだけで、じゅうぶんにワクワクできる。

だが、周到なようで、刹那的。現地に着いてから次々と降りかかる難事、珍事は、無謀としか言えない当たったって砕けろ作戦で切り抜けていく。中盤からはハラハラさせられどおしだ。幻獣どころじゃない！　お前ら、死ぬなよ、とページの向こうに語りかけたくなる。

そうなのだ。極論してしまうと、ムベンベが発見できたかどうかなんて、この本ではあまり意味がない。面白いのはそのプロセスであり、感動すべきは彼らの心意気と勇気（ハチャメチャと無鉄砲と言い換えることもできる）だ。主人公はムベンベではなく、高野秀行以下、何の得にもならないこの冒険に参加し、彼の地の熱病と動物と人に脅かされ、ヘロヘロ、ズタボロになりながら、怪獣発見を夢見る隊員たちだったのだ。

まだまだ話し足りないが、違う本の解説になってしまいそうなので、そろそろ本題です。

本書『怪魚ウモッカ格闘記』は、そんな高野秀行が、新たなＵＭＡ、ウモッカに挑むドキュメンタリーだ。

ウモッカは数年前からネット上で噂になっているインドの謎の怪魚。

体長は約二メートル、爬虫類のように硬そうなウロコに覆われ、背中には鋭いトゲがびっしり生えている。シーラカンスに似た足状のヒレが前後に四本。一見、サメを思わせる外見だが、頭は魚というよりトカゲ。

この記述だけで、ＵＭＡ好きには、もうたまりません。ご飯三杯いけます。

なぜ、これほど詳細な情報があるのかといえば、ウモッカが実際に、インドのとある海岸に揚がったからだ。目撃者はたまたま近くに滞在していた日本人。

とはいえ、写真も映像もない。なぜなら他の魚と一緒に水揚げされたその怪魚を、地元の漁師がさばいてしまったからだ。おそらくはカレーにして食うために。

四十歳目前、すでに家族も仕事もある高野秀行は、ＵＭＡ探しの旅に再び（いや、三たびか四たび目ぐらいか）挑む決意をする。

決意は発作的でも、机上だけのＵＭＡファンとは違って、事前に、ウモッカに関する情報が確かなのかを、目撃者本人や専門家たちに取材して、クールに検証し、現地の事情調査や語学習得に周到な準備を行うのは、ムベンベ探しの時と同じだ。

だが、二十年経って、高野秀行が良くも悪くもプロっぽくなっているかと言えば、そうでもない。最初の本格的なリサーチは水族館巡り。水槽の向こうに、同じ魚がすいすい泳いではいまいかと心配し、「ああ、それは○○だよ」と一発回答されかねない専門家の言葉に一喜一憂する。

インドには三千に及ぶ現地語があるそうで、その中のたったひとつを教えてくれる在日インド人を探し出し（他の著作でもたびたび語学レッスンの話が出てくるが、高野秀行の冒険は、行く先々の土地の言葉を覚えることから始まる。タイ語、中国語、リンガラ語、ミャンマーのワ語、フランス語、スペイン語、英語……いったいこの人は何カ国語を喋れるのだろう）、大学探検部時代と違って、数カ月に及ぶあてのない旅に同行してくれるパートナーもおいそれとは現れず――。

その孤軍奮闘ぶりは、ムベンベの時以上だ。何の得にもならないこと（作中で本人は「発見したら、人生の逆転満塁ホームラン」と記しているが）に、これほどの情熱を燃やせるというのは、それだけで感動もの。終始、ユーモラスな文章で綴られてはいるのだが、読んでいる僕の頭の中には、ハードボイルドという言葉が浮かんできた。四カ月後、ようやくすべての準備が整い、現地へ向けて旅立つ——ものの。またしても高野秀行はやってくれました。

もしあなたが、本編を読む前に、この文章を読んでいるのだとしたら、解説を仰せつかった人間として、いちおう申し上げておかねばならないことがあります。

結果を求めてはいけません。

でも、あなたより、ほんの少し早く本書を読んだ一読者として、さらに言います。結果に関係なく、この本は、いいです。楽しいです。生きる勇気を分けてもらえます。読まないと、二十年近く前の僕と『ムベンベを追え』のように、哀しいすれ違い人生を歩むことになるやもしれません。もし立ち読み中であるなら、どうぞ、迷わずレジへ。

読み終えて、思った。やっぱり高野秀行の本は面白い。いや、高野秀行という人自体が面白いのかもしれない。彼の著書で、高野秀行的人生と行動規範に触れると、自分がいかに「安全」や「平穏」ばかりを選び、口先だけで行動のともなわない人間かを、つくづく思い知らされてしまう。

でも、真似はできない。中国の野人（雪男みたいな存在です）探しその他、高野秀行の二十代までの命知らずの冒険談を一冊にまとめた『怪しいシンドバッド』（集英社文庫）を読んだかぎりでも、僕の計算では、本来なら高野秀行は、三回死んでいる。

　ここまでの僕の紹介だけでは、高野秀行をあまりご存じでない方は、ＵＭＡ探しの専門家と誤解されるかもしれないが、もちろんそんなことはない。『アヘン王国潜入記』（集英社文庫）、『西南シルクロードは密林に消える』（講談社）などジャーナリズム的な価値の高いノンフィクション作品を、いくつも物している人でもあるのだ。

　辺境冒険作家とご本人は名乗っているようだが、それだけでもない。二〇〇六年に発表した小説『アジア新聞屋台村』（集英社）は、「本の雑誌」年間ベストテンにランクインした傑作だ。

　ＵＭＡも辺境も出てこないが、この『アジア新聞屋台村』も僕は好きだ。高野秀行のノンフィクションの面白さは、彼の巧みな文章力と、自分自身を客観視できるフェアなユーモア精神に裏打ちされているのだと改めてわかる。

　最近の著作やインタビューを読むと、ご本人はＵＭＡ探し的な活動に、少々倦《う》んでいるようにも（僕がそう思いこんでいるだけならいいが）見受けられる。それを承知しつつ（こらこら、独断するな）、同じ小説という分野のライバルとして敬意を払いつつも、僕は高野秀行にはこれからも、未知の生き物探しを続けて欲しい、と勝手に思っている。いつか人類史に残る大発見を、と願っている。

トルコのワン湖のジャナ（こいつにはリアルな撮影映像がある）探しはすでに決行済みだそうだが、シャンプレーン湖のチャンプ（最近の期待度はネッシー以上）はまだですよね。ぜひ、ひとつ、チャンプを。あ、できれば、オカナガン湖のオゴポゴも。

この作品は、「小説すばる」に二〇〇六年八月号から二〇〇七年五月号まで連載されたものをまとめたオリジナル文庫です。

●本文デザイン／ZOOT.D.S.